黄淮流域
小麦玉米水稻节本增效

技术手册

黄淮流域小麦玉米水稻田间用
节水节肥节药综合技术方案项目组　著

U0238913

中国农业出版社
农村读物出版社
北　京

编　委　会

目　　录

第一章　节水关键技术 ·· 1

第一节　冬小麦耕层调优节水技术 ····················· 1

第二节　夏玉米免耕覆盖机械化精播壮苗节水技术 ······· 5

第三节　冬小麦—夏玉米畦灌周年节水技术 ············ 11

第四节　冬小麦—夏玉米微喷补灌周年节水技术 ········ 16

第五节　稻茬小麦节水灌溉技术 ····················· 26

第六节　麦套旱稻节水栽培技术 ····················· 30

第七节　水稻补灌智能节水技术 ····················· 35

第二章　节肥关键技术 ··· 50

第一节　冬小麦新型缓控释肥及其施用技术 ··········· 50

第二节　冬小麦夏玉米轮作有机肥替减化肥技术 ········ 59

第三节　种肥同播机械及其使用技术 ················· 63

第四节　水肥一体化设施及其使用技术 ··············· 69

第五节　冬小麦—夏玉米按需补灌水肥一体化技术 ······· 84

第六节　冬小麦—夏玉米地面灌溉随水施肥技术 ········ 93

第七节　麦田稻秸全量深埋还田地力培肥技术 ········· 97

第八节　稻茬麦节氮减肥技术 ······················ 101

第三章　节药关键技术 ·· 109

　第一节　新型药剂及其使用技术 ······························ 109

　第二节　新型药械及其使用技术 ······························ 137

第一章 节水关键技术

CHAPTER1

第一节 冬小麦耕层调优节水技术

耕层是小麦根系集中的区域，其土壤肥力的高低是小麦产量的重要决定因素。土壤肥力是土壤为植物生长不断供应和协调养分、水分、空气和热量的能力，是土壤物理、化学和生物学性质的综合表现。我国黄淮流域部分麦田虽然土壤养分含量相对较高，但由于土壤结构不良，加之秸秆还田和施肥方式不当造成的耕层养分和生物障碍因素，制约了土壤肥力的提高和小麦生产的发展。主要表现为：①许多麦田常年采用旋耕后直接播种的少耕模式，导致耕层变浅、犁底层上升加厚，严重影响夏季降水下渗、阻止小麦根系下扎，不利于蓄水保墒和根系对深层土壤水分的吸收利用；②许多麦田旋耕后不镇压直接播种，土壤悬松导致耕层快速失墒影响出苗，还使种子悬空，冬季寒、旱交加造成死苗；③许多麦田化肥底施方式不合理，土壤耕作前将化肥撒于地表，之后不耕翻只旋耕，导致大量化肥分布于地表或浅层土壤，氨挥发损失严重；④土壤常年不耕翻，使杂草种子、病原菌和虫卵等不断在地表和浅层土壤累积，导致麦田病虫草害逐年加重。

小麦耕层调优技术，于小麦播种前通过秸秆粉碎还田、施有机肥、耕前调墒、耕松耙压配合作业、底肥按比例分层条施、种肥同播、播后镇压等关键技术环节，创建土壤物理结构、养分含量及其分布合理的耕层，取得了显著的节水、节肥、节药和增产效果。其技术原理和优点如下：①秸秆粉碎还田、施有机肥可增加土壤有机质含量、改善土壤团粒结构；②耕前调墒使耕层湿度满足小麦出苗和苗期水分需求；③隔年翻松，生产成本较低，不仅能打破犁底层，增加土壤蓄水，促进小麦根系下扎，提高小麦抗旱能力和水分利用效率，而且定期翻埋地表秸秆和杂草，显著减少病虫草害的发生；④旋耕后及时耙压或镇压，踏实了耕层，减少了土壤水分的蒸发，有利于种子萌发出苗、培育壮苗，并在一定程度上预防小麦冬季冻害；⑤底肥按比例分层条施，显著减少土壤氨挥发损失，既能通过施于浅层的肥料满足小麦幼苗养分需求，又能利用耕层深处土壤含水率相对稳定的特点，提高施于深层的肥料的养分有效性和持续供肥能力，诱导小麦根系下扎，促进小麦对养分的吸收和积累，显著提高肥料利用率；⑥种肥同播简化了农事操作环节，提高了工作效率；⑦播后镇压确保播种后种子与土壤紧密接触，冬春季则能踏实表层疏松的土壤，起到保墒、防冻、控旺、促壮的作用。

一、技术要点

1. 秸秆还田

前茬秸秆粉碎还田。粉碎后的秸秆长度以小于 3 cm 为宜。秸秆量过大的地块，提倡将秸秆综合利用，部分回收与适量还田相结合。

2. 施有机肥

可选用腐熟农家肥或商品有机肥，耕作前均匀撒施于地表。腐熟农家肥应符合 NY/T 1334—2007 的规定，推荐施用量为 30 000～45 000 kg/hm²；商品有机肥应符合 NY 525—2012 的规定，推荐施用量为 4 500～7 500 kg/hm²。

3. 耕前调墒

前季作物腾茬早且 0～20 cm 土层土壤相对含水率低于 70% 的麦田，应于土壤耕作前 5～7 d，灌小水调墒，灌水量一般为 30～45 mm³，建议采用微喷灌或喷灌设施实施灌溉。耕作前 1 周内预报有雨的应适当减少灌水量或不灌溉。

如果耕作前时间充裕，亦可采用按需补灌的方法，用以下公式计算需补灌水量（I，mm）。

$$I = 10 \times 0.2 \times \gamma_{0-20} \times (FC_{m-0-20} - \theta_{m-0-20})$$

式中：

I——需补灌水量（mm）；

γ_{0-20}——0～20 cm 土层土壤容重（g/cm³）；

FC_{m-0-20}——0～20 cm 土层土壤田间持水率（%）；

θ_{m-0-20}——0～20 cm 土层土壤质量含水率（%）。

4. 隔年翻松

一般每隔 2～3 年翻耕 1 次。翻耕深度 20～25 cm。土壤黏重、犁底层较坚实的地块，可采用隔 2 年翻耕 1 次再隔 2 年深松 1 次依次循环耕作的方式。深松深度 30 cm。

5. 旋耕耙压

用旋耕机旋耕 2 遍，旋耕深度 15 cm。旋耕后及时耙压或镇压，以破碎土块、压实表层土壤。耕层土壤相对含水率大于

75％时，不宜过度镇压，以免大幅降低土壤孔隙度，影响土壤透气性。

6. 底肥层施

采用按比例分层条施技术，将用作底肥的化肥条施于地表下 8 cm、16 cm 和 24 cm 土层深处，三者的比例为 1∶2∶1 或 1∶2∶3。底肥应采用粒状的多元复合肥或缓控释肥。底肥按比例分层条施应与小麦播种相结合，及时用具有按比例分层条施肥料和播种功能的多功能机械实施种肥同播。小麦播种采用宽苗带条播方式，平均行距 25 cm，苗带宽度 8～10 cm。每隔两行小麦在行间条施一行底肥。

7. 播后镇压

小麦播种机应具有播后镇压功能，播种后立即镇压。越冬前土壤悬松的麦田，应及时镇压，以保墒防冻；群体过大的麦田，除越冬前镇压外，还可于小麦返青期再次镇压，以起到保墒、控旺、促壮、防倒的作用。

二、注意事项

1. 注重秸秆粉碎还田质量。秸秆量过大的地块，提倡将秸秆综合利用，部分回收与适量还田相结合。

2. 若选用旋耕＋深松＋按比例分层施肥＋种肥同播＋播前播后二次镇压多功能一体机播种，注意使用配套的牵引动力，预防拥堵，并加强对机械播种质量的监测。

参考文献

中华人民共和国农业部，2012. 有机肥料：NY 525—2012. 北京：中国农业出版社.

中华人民共和国农业部，2007. 畜禽粪便安全施用准则：NY/T 1334—
　2007. 北京：中国农业出版社.

著写人员与单位

王东

山东农业大学

第二节　夏玉米免耕覆盖机械化
精播壮苗节水技术

一、技术原理

夏玉米播种期经常发生季节性干旱，干旱对玉米发芽、生
长和产量非常不利，用少量水培育出壮苗是本技术的关键。其
基本原理是利用保护性耕作技术创制优良种床环境使优质种子
萌发达到"快、齐、匀、壮"。具体措施有以下四种：一是免
耕播种尽量"少动土"，加上播种后镇压措施，能够明显减少
耕层水分散失；二是当季的秸秆覆盖像塑料地膜一样，不仅能
够起到阻止地表水分蒸发、提高土壤含水量的作用，而且具有
调节土壤耕层（5～15 cm）昼夜温差的平衡作用，使种床水
分、温度条件适宜种子萌发；三是种麦时连同玉米秸秆粉碎深
耕还田（每2～3年轮耕一次）能够增加土壤有机碳含量（因
我国耕地长期过量施用化肥、有机肥施用过少导致土壤"碳
汇"功能下降，农田生态环境恶化严重），碳含量高的土壤具

有饼干屑状结构，能够使土壤吸附更多的养分，具有持续培肥土壤的功能。

二、技术要点

1. 选用适宜单粒精播的高质量玉米种子（纯度 98% 以上、发芽率 95% 以上、发芽势 90% 以上）。

2. 采用"一灭一压一肥"的土壤调控技术：麦秸灭茬后平茬覆盖、镇压播种沟土壤、底肥与种子异位同播。

3. 选用机械化精密播种机播种，60 cm 等行距或 80 cm ＋ 40 cm 宽窄行距，实际播种密度依照选用品种在该生态区的最佳或适宜收获密度的 105% ～ 110% 进行确定，不需间苗。

4. 及时防治病虫草害。

5. 在不影响小麦播种的情况下尽可能晚收。

三、技术规范

(一) 选地与前茬处理

1. 选地

土壤环境质量应符合 GB 15618—2018 规定，并适宜机械化耕作。

2. 前茬小麦播前整地

前茬小麦播种前进行耕、翻整地，2～3 年深耕一次。

3. 前茬小麦收获后秸秆处理

小麦田块机收后保留麦秸低茬（≤10 cm）覆盖并把割掉的秸秆切成 3～5 cm 后均匀抛撒于地面覆盖。

（二）备种与播种

1. 选种原则

根据不同目的、当地的自然生态和生产条件，选用经过国家或省级审定或认定的玉米品种。

2. 精选种子

种子质量应符合 GB 4404.1—2008 规定，并选用经精选分级的适宜单粒播种的种子，种子纯度≥98%、发芽率≥95%、发芽势≥90%、净度≥99%、含水率≤12%。

3. 种子处理

宜选用包衣种子，未包衣的种子在播种前应选用符合 GB/T 8321.1—2000 规定的安全高效杀虫、杀菌剂进行拌种。

4. 播种

（1）播种时间 前茬小麦收获后抢时免耕播种，在 6 月 20 日前完成播种。

（2）土壤墒情要求 宜足墒播种，墒情不足（耕层田间持水率<70%）应播后浇水。田间持水率的分级标准：35% 为严重缺水，55% 为轻度干旱，85% 为水分过多，95% 为水分严重过多。

（3）机型选择 选用肥料、种子异位同播的机械化施肥播种机，其操作应符合 GB 10395.9—2014 的要求。

（4）种、肥异位同播 种肥施用量应为玉米生育期所需的全部氮、磷、钾肥总量的 30%～40%，以氮磷钾复合肥为宜，种子与肥料的距离以 5～10 cm 为宜。

（5）播种方式 等行距播种，行距为 60 cm；或者宽窄行播种，行距为 80 cm＋40 cm。播种深度一般为 3～5 cm。

（6）**播种密度** 按照所选品种的适宜密度进行播种。

（三）田间管理

1. 化学除草

（1）**选择与使用** 除草剂使用应符合 GB/T 8321.1—2000 规定。认真阅读所选用除草剂的使用说明。实际操作时根据土壤质地、有机质含量和秸秆覆盖量等因素来调整除草剂的使用量。有机质含量高的壤土或黏土地块适当提高除草剂的使用量；有机质含量较低的沙土地块适当降低除草剂使用量。

（2）**苗前除草** 在玉米播种后出苗前，土壤田间持水率≥70％时，选用玉米苗前除草剂进行土壤封闭喷雾，施药应均匀，避免重喷、漏喷，若土壤墒情差应加大兑水量。土壤封闭后1周内减少田间作业，不宜人为破坏药土层。

（3）**苗后除草** 在玉米3～5片可见叶期，选择无风晴朗天气，避开炎热中午，用玉米苗后安全除草剂进行杂草茎叶触杀喷雾。施药要均匀，避免重喷、漏喷。玉米拔节后使用灭生性除草剂时，应在喷头上加保护罩进行杂草定向喷施，绝对不能喷洒到玉米茎叶上。

2. 查苗

夏玉米出苗后及时查苗，发现缺苗严重的地块及时补种。

3. 追肥

（1）**追肥要求** 肥料使用应符合 NY/T 496—2010 要求。夏玉米全生育期化肥用量每公顷施 N 195～270 kg，P_2O_5 60～90 kg，K_2O 120～150 kg。或者结合当地测土配方施肥技术方案进行。

（2）**追肥方法** 在玉米9～12片叶展开期，使用中耕施肥机条施总氮量的 60％～70％。

4. 灌溉

灌溉水质应符合 GB 5084—2005 要求。苗期（6 展叶期前）应适当控水，土壤田间持水率≥60%，不浇水。在拔节期、抽雄前后和灌浆中后期保证水分充足供应，若遇干旱应及时灌溉。

5. 化控防倒

在苗期旺长或存在倒伏风险地块，在玉米 6～9 展叶期进行"蹲苗"，或选用安全高效植物生长调节剂在玉米 8～10 展叶期进行化控防倒，使用剂量要严格按照产品使用说明书推荐用量，施药应均匀，避免重喷、漏喷。

6. 病虫害防治

（1）农药使用　农药使用应符合 GB/T 8321.1—2000 规定。

（2）病害防治　病害以预防为主。在发病初期，用安全高效杀菌剂进行防治。

（3）虫害防治　播种后出苗前，结合除草，施用安全高效杀虫剂防治麦秸残留的棉铃虫、黏虫和蓟马、灰飞虱等虫害；定苗后再喷药一次。

在小喇叭口期至大喇叭口期用安全高效杀虫剂进行心叶施药防治玉米螟、桃蛀螟等虫害。

（四）收获

1. 收获时间

在籽粒乳线消失时收获；如农时不能满足，则在保证冬小麦适期播种的前提下尽可能晚收。

2. 收获方式

（1）机收籽粒　收获前玉米籽粒含水率<25%，可以采用

玉米联合收获机直接收获籽粒。

(2) 机收果穗 收获前玉米籽粒含水率≥25％，采用机械收获果穗，收获后进行晾晒、脱粒，在籽粒含水量达到13％以下时入库。

四、技术效果

土壤耕层0～20 cm和20～40 cm含水量分别提高4.08％和3.56％；玉米出苗率提高5％以上；玉米幼苗的群体素质明显提高，幼苗整齐度提高10％以上；玉米幼苗的个体素质显著提高，6展叶期玉米的株高、单株叶面积和单株干物质含量比对照组提高33.14％、44.07％和58.62％。

参考文献

中华人民共和国生态环境部，国家市场监督管理总局，2018. 土壤环境质量 农用地土壤污染风险管控标准（试行）：GB 15618—2018. 北京：中国环境出版社.

中国国家标准化管理委员会，2008. 粮食作物种子 第1部分：禾谷类：GB 4404.1—2008. 北京：中国标准出版社.

中华人民共和国农业部，2000. 农药合理使用准则：GB/T 8321.1—2000. 北京：中国标准出版社.

中华人民共和国国家质量监督检验检疫总局，中国国家标准化管理委员会，2014. 农林机械 安全 第9部分：播种机械：GB 10395.9—2014. 北京：中国标准出版社.

中华人民共和国农业部，2010. 肥料合理使用准则 通则：NY/T 496—2010. 北京：中国农业出版社.

中华人民共和国国家质量监督检验检疫总局，中国国家标准化管理委员会，

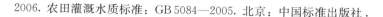

2006. 农田灌溉水质标准：GB 5084—2005. 北京：中国标准出版社.

著写人员与单位

唐保军[1]，赵霞[1]，丁勇[1]，穆心愿[1]，张凤启[1]，张君[1]，赵发欣[1]，马智艳[1]，周喆[2]

[1] 河南省农业科学院粮食作物研究所；[2] 郸城县农业科学研究所

第三节　冬小麦—夏玉米畦灌周年节水技术

畦灌是黄淮地区冬小麦—夏玉米连作农田最主要的灌溉方式。实施畦灌田间节水，一是要提高降水有效利用率。在冬小麦生长季充分消耗 0～100 cm 土层的土壤贮水，腾空地下土壤水库库容，增加玉米生长季土壤蓄水能力，减少因为大的降雨造成的渗漏损失。二是通过优化畦灌灌水技术参数，减少田间渗漏损失，提高灌溉效率。三是通过优化灌溉制度，使根层土壤水分保持在适宜范围，减少作物的无效蒸腾，达到提高水分利用效率的目标。

一、田间工程标准与灌水技术参数

畦田坡度：整地时平整畦面，打好畦埂。畦田沿畦长方向的坡度宜在 1‰～5‰，畦埂高度宜在 15～20 cm。

畦宽：畦宽应与农机具作业要求相适应，一般在 2.8～3.5 m。

畦长：应根据土壤质地、田面坡度、入畦流量等因素确定。对于井灌区，机井出水量大都在 $30\sim40$ m³/h，壤土一般畦长控制在 $50\sim70$ m，沙土 $40\sim60$ m，黏土 $60\sim80$ m；对于渠灌区，畦田长度可适当增大，壤土一般畦长控制在 $60\sim100$ m，沙土 $50\sim80$ m，黏土 $80\sim120$ m。

入畦单宽流量：为了保证灌水均匀度，入畦单宽流量宜控制在 $3\sim6$ L/(m·s)。水源流量不超过 60 m³/h 时每次只灌一畦，水源流量超过 60 m³/h 时可增加开口数。当水源流量过小，畦田长较大时，应该对畦田进行分段灌溉。

二、田间灌溉管理

(一) 冬小麦

足墒播种是保证冬小麦苗全、苗齐、苗壮的条件之一。如播前有透雨，$0\sim20$ cm 土层土壤相对含水率达到 70% 以上，可以足墒播种；如播前少雨，土壤墒情不好，则需浇足底墒水。

越冬期麦苗地上部分停止或有微弱生长，根系虽仍在生长，但土壤冻结，蒸腾蒸发量均较小。黄淮地区在足墒播种的条件下一般不需灌越冬水，但遇到干旱年份，$0\sim40$ cm 土层土壤相对含水量低于 55% 时，可以进行冬灌，冬灌应在日平均气温降至 3 ℃前进行。

返青后随着气温回升，生育加快，需水增加，蒸腾蒸发量增大，特别是在小麦拔节期，麦苗处在两极分化时期，营养生长与生殖生长并进，进入生长旺期，缺水将严重影响成穗、增粒，因此在冬小麦返青期至起身期，$0\sim40$ cm 土层土壤相对含水量低于 55% 时应进行灌溉。拔节孕穗期间 $0\sim60$ cm 土层土壤相对含水量应高于 60%，抽穗期至灌浆前期土壤相对含水量应高于 65%，灌浆后期土壤含水量低于 50% 也不会造成冬小麦明显减产。

小麦成熟期如遇干旱和热风，需浇灌浆水或麦黄水，使小麦顺利灌浆，正常落黄。但要注意防止倒伏，灌水定额宜小不宜大，不宜超过 60 mm。麦黄水可与夏玉米的播前水相结合。

冬小麦具体灌溉时间的确定可参照表 1-1。当冬小麦不同生育期土壤计划湿润层内的平均相对含水率达到了小麦正常生长发育所允许的土壤水分下限时，即需进行灌溉。

表 1-1　冬小麦不同生育期土壤水分下限和计划湿润层深度

生育期	播种期	苗期	越冬期	返青期	拔节期	抽穗期	灌浆期
土壤水分下限（占田间持水率的比例,%）	70～75	60～70	55～60	60～65	60～65	65～70	55～60
计划湿润层深度（cm）	20	40	40	40	60	80	80

（二）夏玉米

玉米在不同的生育时期对水分要求不同。玉米从播种发芽到出苗，需水量至少占总需水量的 3.1%～6.1%。玉米播种后种子需要吸取本身质量的 48%～50% 的水分才能发芽。因此在播种时 0～20 cm 土层土壤水分必须保持在田间持水率 70% 左右，才能保证良好出苗。黄淮地区该时期往往干旱少雨，因此大多数年份都需要灌蒙头水以保证出苗。出苗至拔节期玉米耗水量占总耗水量的 15.6%～17.8%。此期土壤水分下限控制在田间持水率的 60% 左右，可以为玉米蹲苗创造良好的条件。

玉米拔节以后，生长进入旺盛阶段，对水分要求较多，特别是抽雄前 10～15 d，此时土壤水分的亏缺对玉米生长影响极大，如水分亏缺严重则容易出现"卡脖旱"现象。因而这一阶段是玉米需水临界期，也是灌水关键期，要求土壤水分保持在田间持水率的 65%～70%或以上，这一阶段如果没有充足降雨需要补充灌溉。玉米进入灌浆成熟期尽管仍需较多的水分，但黄淮地区此期降水较多，一般能满足生长发育需要。

夏玉米具体灌溉时间的确定可参照表 1－2。当夏玉米不同生育期土壤计划湿润层内的平均相对含水率达到了玉米正常生长发育所允许的土壤水分下限时，即需进行灌溉。

表 1－2　夏玉米不同生育期土壤水分下限和计划湿润层深度

生育期	播种期	苗期	拔节期	抽雄期	灌浆期
土壤水分下限（占田间持水率的比例,%）	70～75	60～65	65～70	70～75	60～65
计划湿润层深度（cm）	20	40	60	80	80

（三）灌水定额

井灌区每次灌水量适宜控制在 60～90 mm；渠灌区一般不超过 7.5 mm。由于生产上一般缺乏灌溉用水计量设备，可利用改水成数进行控制，改水成数宜在 0.75～0.90。畦田越长、入畦流量越大，改水成数越小；反之，应适当增大改水成数。

三、土壤墒情监测

土壤墒情监测是指导农田灌溉管理的基础，土壤墒情的好坏还直接关系到播种、施肥等一系列农业生产活动和措施实施时机的选择，对作物的生长、发育以及最终产量有着至关重要的影响。

（一）土壤墒情监测点的位置

为了保证监测结果的代表性，监测点应距离边行 3 行以上。

（二）土壤干容重和田间持水率测定

小麦播种前，按每 20 cm 一层，测定 0～100 cm 各土层土壤干容重和田间持水率。土壤干容重和田间持水率的测定可以每隔 3～5 年进行一次。

（三）生育期土壤含水率测定

生育期内的土壤水分监测可采用人工测定（取土烘干法）或者通过仪器连续自动监测。人工测定土壤含水率的时间间隔为生育前期每 10 d 测定一次，在小麦和玉米拔节后每 7 d 测定一次；测定深度分别按照表 1-1 和表 1-2 中的计划湿润层深度。每次测定完成后，计算计划湿润层深度内平均土壤相对含水率。

与取土烘干法相比，采用墒情监测仪器测定不需要采取土样，因而不用扰动土壤，可以定点、连续监测。使用各类仪器测定土壤含水率时，都要对仪器的适用性进行必要的校核。校核时要以取土烘干法为基准，其他方法在平行条件下同步测定。两种方法测定结果较为一致或具有很好的相关关系时，这些仪器才能独立使用。

（四）注意事项

1. 要在适宜的土层范围内监测墒情

贮存在土壤中的水分，必须能被作物根系吸收利用才有效。由于不同生育时期，根系的下扎深度及吸收能力不同，致使作物不同生育时期对不同深度范围所贮存的土壤水分的吸收利用能力也不同。因此，在监测土壤墒情时要特别注意三点：一是生育前期要避免监测太深，因为深层的土壤水分因根系太浅还无法利用，监测太深会引起灌溉不及时，影响幼苗生长。二是生育后期要避免监测太浅，因为根系主要的吸收部位下移，可以利用深层的土壤贮水，而表层土壤经常处于较大变化之中，监测太浅会引起灌溉过度，浪费水源。三是在生育中后期，沙土地可适当浅些，黏土地可适当深些。

2. 墒情判别时要注意土壤质地的差异

目前监测土壤墒情状况时，测定结果一般表示为质量含水率或体积含水率。而在墒情判别时使用的是土壤相对含水率（用占田间持水率的比例表示）。由于不同土壤类型田间持水率具有很大的差异，同样的实测土壤含水量值，即使沙土或壤土上供水仍很充足，在黏土上已表现为严重干旱了。因此，进行墒情判别时应根据地块的实测田间持水率，将测定的土壤含水率转化为相对含水率。

著写人员与单位

张寄阳，刘小飞，申孝军
中国农业科学院农田灌溉研究所

第四节 冬小麦—夏玉米微喷补灌 周年节水技术

黄淮流域粮食产量占全国粮食总产量的 1/3 以上，其中小麦约占 60% 以上，玉米约占 35% 以上，对保障国家粮食安全具有极其重要的作用。但目前该区域人均水资源和亩均水资源占有量分别只有全国平均值的 20% 和 18%，水分生产率只有 1.2 kg/m³ 左右，约为发达国家的 50%，水资源短缺和农业用水浪费并存。传统的节水灌溉多采用固定的灌水次数和灌水量，节水通过减少灌水次数和灌水量实现。然而在实际生产中，由于每年的降水情况不同，总降水量和降水的时间分布都有较大差异，因此定额灌溉的方法难以实现水分供给与作物需水的精确匹配，显著影响作物产量和节水效果。

冬小麦—夏玉米微喷补灌周年节水技术，是指采用微喷灌设施在冬小麦—夏玉米关键生育时期实施按需补灌的节水技术。该项技术将微喷设施节水与按需补灌农艺节水相结合。其中微喷设施灌溉是利用微喷头或微喷带（一侧管壁上加工了以组为单位循环排列的微喷孔的薄壁塑料软管）等设备，以喷洒的方式实施小流量水分补给的一种灌溉方法。按需补灌则是在小麦、玉米生长的关键生育时期，当自然供水量（包括播种期一定深度土层土壤贮水量和生长季有效降水量）不能满足作物依靠自身适应能力维持一定产量水平的最低需水量时，计算出需要补充的水量并实施精确定量灌溉的一种节水灌溉技术。多年多点生产实践证明，采用冬小麦—夏玉米微喷补灌周年节水技术，与传统畦灌相比，省工 60% 以上，减少灌溉用水量 60% 左右，水分利用效率提高 20% 以上，增产 8% 左右。

一、技术要点

（一）建设微喷系统

1. 微喷系统的设备要求

微喷系统的水源、首部、输配水设备、过滤器、灌水器等应符合 GB/T 50485—2009 的要求。

2. 微喷带选型及田间布局

采用的微喷带应符合 NY/T 1361—2007 的要求。最小喷射角 70°左右，最大喷射角 85°左右。工作时微喷带压力为 0.08～0.12 MPa，流量为 80～120 L/(m·h)。微喷带应沿小麦种植行向铺设，铺设间距 1.5～1.8 m；当管径为 51 mm 左右时，铺设长度 ≤80 m。

3. 微喷头选型及田间布局

采用的微喷头应符合 SL/T 67.3—1994 的要求。工作时微喷头压力为 0.15～0.25 MPa，流量不大于 250 L/h。由微喷头参与组成的微喷系统分为固定式、半固定式和移动式。位于同一条支管上的微喷头间距为喷头喷洒半径的 0.8～1.2 倍。多支管平行布置时，支管间距为喷头喷洒半径的 1～1.5 倍。微喷头安装的高度应超过作物最大株高 0.5 m 左右。

(二) 测定土壤容重和田间持水率

一般于麦田耕作前测定 0～20 cm 和 20～40 cm 土层土壤容重和田间持水率。由于同一地块各土层土壤容重和持水率相对稳定，可每隔 2～3 年测定一次。

(三) 监测作物生长季降水量

通过雨量数据采集器或从当地气象局（站），依次获取冬小麦播种至越冬、越冬至拔节、拔节至开花期间的有效降水量和夏玉米播种至拔节、拔节至大喇叭口、大喇叭口至吐丝期间的有效降水量。

(四) 确定补灌时期和补灌水量

1. 小麦季补灌时期与补灌水量的确定

冬小麦一生中一般需要在播种期补灌保苗水，在越冬期补灌促壮水，在拔节期补灌稳产水，在开花期补灌增产水。冬小麦在各关键生育时期是否需要补灌以及所需补灌水量，依据其高产高效耗水特性和自然供水状况确定。具体可采用以下两种方法：

（1）采用专家辅助决策支持系统 登录 http：//www.cropswift.com/，利用作物按需补灌水肥一体化管理决策支持系统，输入土壤容重和田间持水率、播种期土壤体积含水率及某生育阶段的有效降水量，即可确定播种期、越冬期、拔节期和开花期是否需要补充灌溉以及所需的补灌水量。具体如下：

① 播种期补灌水量的确定。于小麦播种前 1 d 或当天，测定田间地表下 0～20 cm 和 20～40 cm 土层土壤体积含水率。计算 0～40 cm 土层土壤平均体积含水率 θ_{v-0-40}（v/v，%），并用公式（1）计算 0～20 cm 土层土壤相对含水率（θ_{r-0-20}，%）。

$$\theta_{r-0-20} = \frac{\theta_{v-0-20}}{FC_{v-0-20}} \times 100\% \tag{1}$$

式中：

θ_{r-0-20}——0～20 cm 土层土壤相对含水率（%）；

θ_{v-0-20}——0～20 cm 土层土壤体积含水率（v/v，%）；

FC_{v-0-20}——0～20 cm 土层土壤田间持水率（v/v，%）。

用公式（2）计算播种期 0～100 cm 土层土壤贮水量：

$$S_s = 7.265\theta_{v-0-40} + 100.068 \tag{2}$$

式中：

S_s——播种期 0～100 cm 土层土壤贮水量（mm）；

θ_{v-0-40}——播种期 0～40 cm 土层土壤体积含水率（v/v，%）。

当 $\theta_{r-0-20} > 70\%$ 且 $S_s > 317$ mm 时，无需补灌；当 $\theta_{r-0-20} >$

70％且 $S_s\leqslant317$ mm 时，按公式（3）计算需补灌水量，并于播种后实施灌溉。

$$I_s=317-S_s \tag{3}$$

式中：

I_s——播种期需补灌水量（mm）；

S_s——播种期 0～100 cm 土层土壤贮水量（mm）；

当 $\theta_{r-0-20}\leqslant70\%$ 时，按公式（4）计算需补灌水量，并于播种后实施灌溉。

$$I_s=10\times0.2\times(FC_{v-0-20}-\theta_{r-0-20}) \tag{4}$$

式中：

I_s——播种期需补灌水量（mm）；

FC_{v-0-20}——0～20 cm 土层土壤田间持水率（v/v,％）；

θ_{v-0-20}——0～20 cm 土层土壤体积含水率（v/v,％）。

② 越冬期补灌水量的确定。按公式（5）计算播种至越冬期主要供水量：

$$WS_{sw}=S_s+P_{sw}+I_s \tag{5}$$

式中：

WS_{sw}——播种至越冬期主要供水量（mm）；

S_s——播种期 0～100 cm 土层土壤贮水量（mm）；

P_{sw}——播种至越冬期有效降水量（mm）；

I_s——播种期补灌水量（mm）。

当 $WS_{sw}\geqslant326.8$ mm 时，无需补灌；当 $WS_{sw}<326.8$ mm 时，按公式（6）计算需补灌水量：

$$I_w=326.8-WS_{sw} \tag{6}$$

式中：

I_w——越冬期需补灌水量（mm）；

WS_{sw}——播种至越冬期主要供水量（mm）。

③ 拔节期补灌水量的确定。按公式（7）计算播种至拔节期需补灌水量（不包括播种期灌水量）：

$$SI_{sj} = -7.085 \times 10^{-6} Y_{sj}^2 + 0.066 Y_{sj} - 89.748 \qquad (7)$$

式中：

SI_{sj}——播种至拔节期需补灌水量（不包括播种期灌水量）（mm）；

Y_{sj}——按公式（8）预测的冬小麦籽粒产量（kg/hm²）。

$$Y_{sj} = 35.776 S_{si} + 6.831 P_{sw} + 10.103 P_{wj} - 5\ 250.452 \qquad (8)$$

式中：

S_{si}——播种期主要供水量（$S_{si} = S_s + I_s$，mm）；

P_{sw}——播种至越冬期有效降水量（mm）；

P_{wj}——越冬至拔节期有效降水量（mm）。

拔节期需补灌水量按公式（9）计算：

$$I_{j1} = SI_{sj} - I_w \qquad (9)$$

式中：

I_{j1}——拔节期需补灌水量（mm）；

SI_{sj}——播种至拔节期需补灌水量（mm，不包括播种期灌水量）；

I_w——越冬期补灌水量（mm）。

如果 $I_{j1} > 20$ mm，则以 I_{j1} 为拔节期需补灌水量，及时实施灌溉；如果 $I_{j1} \leqslant 20$ mm，则需测定小麦拔节期田间地表下 $0 \sim 20$ cm土层土壤体积含水率。用公式（10）计算拔节期需补灌水量 I_j（mm）：

$$I_j = 10 \times 0.2 \times (FC_{v-0-20} - \theta_{v-0-20}) \tag{10}$$

式中：

I_j——拔节期需补灌水量（mm）；

FC_{v-0-20}——0～20 cm 土层土壤田间持水率（v/v，%）；

θ_{v-0-20}——0～20 cm 土层土壤体积含水率（v/v，%）。

④ 开花期补灌水量的确定。按公式（11）计算播种至开花期需补灌水量（不包括播种期灌水量）：

$$SI_{xa} = -0.022Y_{xa} + 224.742 \tag{11}$$

式中：

SI_{xa}——播种至开花期需补灌水量（mm，不包括播种期灌水量）；

Y_{xa}——按公式（12）预测的冬小麦籽粒产量（kg/hm²）。

$$Y_{xa} = 35.776S_{si} + 6.831P_{sw} + 10.103P_{wj} + 10.064P_{ja} - 5250.452 \tag{12}$$

式中：

S_{si}——播种期主要供水量（$S_{si} = S_s + I_s$，mm）；

P_{sw}——播种至越冬期有效降水量（mm）；

P_{wj}——越冬至拔节期有效降水量（mm）；

P_{ja}——拔节至开花期有效降水量（mm）。

按公式（13）计算开花期拟补灌水量 I_a（mm）：

$$I_a = SI_{xa} - I_w - I_j \tag{13}$$

式中：

I_a——开花期拟补灌水量（mm）；

SI_{xa}——播种至开花期需补灌水量（mm，不包括播种期灌水量）；

I_w——越冬期补灌水量（mm）；

I_j——拔节期补灌水量（mm）。

如果 $I_a \geqslant 20$ mm，则以 I_a 为开花期需补灌水量，及时实施灌溉。如果 $I_a < 20$ mm，则需在 I_a 的基础上增灌 10 mm 水量。

（2）采用阈值判断法

① 播种期补灌水量的确定。于小麦播种前 1 d 或播种当天，测定 0～20 cm 土层土壤质量含水率（θ_{m-0-20}，%）。用公式（14）计算土壤相对含水率（θ_{r-0-20}，%）。

$$\theta_{r-0-20} = \frac{\theta_{m-0-20}}{FC_{m-0-20}} \times 100\% \tag{14}$$

式中：

θ_{r-0-20}——0～20 cm 土层土壤相对含水率（%）；

θ_{m-0-20}——0～20 cm 土层土壤质量含水率（%）；

FC_{m-0-20}——0～20 cm 土层土壤田间持水率（%）。

当 $\theta_{r-0-20} > 70\%$ 时，无需补灌；当 $\theta_{r-0-20} \leqslant 70\%$ 时，用公式（15）计算需补灌水量（I，mm），并于播种后实施灌溉。

$$I = 10 \times 0.2 \times \gamma_{0-20} \times (FC_{m-0-20} - \theta_{m-0-20}) \tag{15}$$

式中：

I——需补灌水量（mm）；

γ_{0-20}——0～20 cm 土层土壤容重（g/cm^3）；

FC_{m-0-20}——0～20 cm 土层土壤田间持水率（%）；

θ_{m-0-20}——0～20 cm 土层土壤质量含水率（%）。

② 越冬期补灌水量的确定。在日平均气温下降至 3℃ 左右、表层土壤夜冻昼消时，测定 0～20 cm 土层土壤质量含水率（θ_{m-0-20}，%）。用公式（14）计算土壤相对含水率（θ_{r-0-20}，%）。

当 $\theta_{r-0-20} > 60\%$ 时，无需补灌；当 $\theta_{r-0-20} \leqslant 60\%$ 时，用公式（15）计算需补灌水量（I，mm），并及时实施灌溉。

③ 拔节期补灌水量的确定。在小麦拔节初期，测定 $0 \sim 20$ cm 土层土壤质量含水率（θ_{m-0-20}，%）。用公式（14）计算土壤相对含水率（θ_{r-0-20}，%）。

当 $\theta_{r-0-20} > 70\%$ 时，无需补灌；当 $\theta_{r-0-20} \leqslant 50\%$ 时，用公式（15）计算需补灌水量（I，mm），并及时实施灌溉。当 $50\% < \theta_{r-0-20} \leqslant 70\%$ 时，暂不灌溉，于拔节后 10 d，测定 $0 \sim 20$ cm 土层土壤质量含水率（θ_{m-0-20}，%）。用公式（14）计算土壤相对含水率（θ_{r-0-20}，%）。当 $\theta_{r-0-20} > 70\%$ 时，无需补灌；当 $\theta_{r-0-20} \leqslant 70\%$ 时，用公式（15）计算需补灌水量（I，mm），并及时实施灌溉。

④ 开花期补灌水量的确定。在小麦开花期，测定 $0 \sim 20$ cm 土层土壤质量含水率（θ_{m-0-20}，%）。用公式（14）计算土壤相对含水率（θ_{r-0-20}，%）。

当 $\theta_{r-0-20} > 50\%$ 时，无需补灌；当 $\theta_{r-0-20} \leqslant 50\%$ 时，用公式（15）计算需补灌水量（I，mm），并及时实施灌溉。

2. 玉米季补灌时期与补灌水量的确定

夏玉米一生中一般需要在播种期补灌保苗水，在拔节期补灌促壮水，在大喇叭口期补灌稳产水，在吐丝期补灌增产水。夏玉米在各关键生育时期是否需要补灌以及所需补灌水量，依据其高产高效耗水特性和自然供水状况确定。可登录 http://www.cropswift.com/，利用作物按需补灌水肥一体化管理决策支持系统来计算，输入土壤容重和田间持水率、播种期土壤体积含水率及某生育阶段的有效降水量，即可确定播种期、拔节期、大喇叭口期和吐丝期是否需要补充灌溉以及所需的补灌水量。

二、注意事项

1. 土壤体积含水率的测定应符合 GB/T 28418—2012 和 SL 364—2015 的要求。

2. 土壤容重和田间持水率的测定应于土壤耕作前进行，常年采用冬小麦—夏玉米一年两熟制种植模式的地块，土壤容重和田间持水率的测定可以每隔 2～3 年进行一次。

参考文献

中华人民共和国住房和城乡建设部，中华人民共和国国家质量监督检验检疫总局，2009. 微灌工程技术规范：GB/T 50485—2009. 北京：中国计划出版社.

中华人民共和国农业部，2007. 农业灌溉设备微喷带：NY/T 1361—2007. 北京：中国农业出版社.

中华人民共和国水利部，1994. 微灌灌水器——微喷头：SL/T 67.3—1994. 北京：中国社会科学出版社.

中华人民共和国国家质量监督检验检疫总局，中国国家标准化管理委员会，2012. 土壤水分（墒情）监测仪器基本技术条件：GB/T 28418—2012. 北京：中国标准出版社.

中华人民共和国水利部，2015. 土壤墒情监测规范：SL 364—2015. 北京：中国水利水电出版社.

著写人员与单位

王东[1]，殷复伟[2]，谷淑波[1]，高瑞杰[3]，鞠正春[3]

¹ 山东农业大学；² 泰安市农业技术推广站；³ 山东省农业技术推广总站

第五节 稻茬小麦节水灌溉技术

一、技术原理

黄淮南部地区水资源多不足，且年度间、季节间降水时空分布差异较大，加之部分农业设施老化、基础薄弱，农业用水供应严重不足，小麦生产过程中基本不灌溉（仅在极度干旱时才会灌水），不能充分满足小麦不同生育阶段对水分的合理需求，一定程度上制约了小麦稳产增产。

稻茬小麦节水灌溉技术是根据黄淮南部稻茬小麦生长季气候特征、小麦生育对水分的需求特性而进行的一项节水、高效、高产的灌溉技术，其核心是因区域、小麦生育期、天气状况推行节水灌溉、排水降湿，注重适时灌排，关键灌好越冬水、拔节水和孕穗水。可以采用传统地面灌水方法，也可采用节水效率较高的微喷补灌方式。

二、技术要点

1. 播种前后开好麦田一套沟，保证沟系畅通，做到涝能排、旱能灌。

2. 小麦不同生育期根据不同年份的天气（降雨）、土壤墒情、小麦需水特性等制定合理灌溉方案，包括灌水方式（地面灌溉、喷灌等）和灌溉定额（通常 50～150 mm）。

3. 根据天气（降雨）、土壤墒情、小麦不同生育阶段需水特征确定合适的灌溉方式与灌水量，重点包括越冬水、拔节水、孕穗水等。

4. 水分（降雨）偏多时，注意排水降湿。

5. 注意灌溉时适时防控病虫害。

三、技术规范

（一）开沟

稻茬麦田在播种前后要及时机械开沟，每 3～5 m 开挖一条竖沟，沟宽 20 cm，沟深 20～30 cm；距田两端横埂 2～5 m 各挖一条横沟，较长的田块每隔 50 m 增开一条腰沟，沟宽 20 cm 左右，沟深 30～40 cm；田头出水沟要求宽 25 cm 左右，深 40～50 cm，确保内外三沟相通。

（二）齐苗水

主要作用是保证小麦播种后能及时出苗和足苗。

1. 灌水时期

小麦播种时要求足墒播种，稻茬小麦正常情况下土壤墒情能满足小麦播种出苗要求，不需灌溉。在墒情不足时应灌水保苗，可在播后 1～2 d，田间相对含水量低于 60% 时进行窨灌，也可在播种前造墒播种。

2. 灌水量与方式

可利用稻田沟渠进行沟灌或畦灌，灌水量通常 30 mm 左右，根据天气、土壤质地、墒情、小麦群体生长状况等调整。灌水时要求随灌随排，使麦田土壤相对含水量达 75%～80% 即可。

（三）越冬水

主要是提供小麦冬季生长需水，促进小麦分蘖，并且提高土壤保温能力，提高小麦抗寒力。

1. 灌水时期

根据天气、土壤质地、墒情、苗情进行判断是否适合浇水，如土壤墒情适宜，麦苗生长良好，可以适当推迟浇灌时间或不灌；如底墒不足或秋冬干旱时可灌溉，弱苗早灌，旺苗迟灌。特别是土壤偏旱、寒流来临前需灌水防冻。

2. 灌水量与方式

可进行窨灌、畦灌，也可采用微喷带进行微喷补灌。畦灌灌水量通常 30 mm 左右，根据天气、土壤质地、墒情、小麦群体生长状况等调整；微喷补灌的灌水量参照山东农业大学制定的标准合理调整。

喷灌灌水量在灌水前根据灌水额定公式计算：

$$M = 10 \times \rho b \times H \times (\beta1 - \beta2)$$

式中：

M——灌水量；

ρb——深度 60 cm 土层内土壤容重；

H——土层深度（深度 60 cm）；

$\beta1$——目标土壤相对含水量（65%）；

$\beta2$——灌水前实测土壤相对含水量。

(四) 拔节水

此期是小麦需水重要的时期，如遇干旱会造成严重的减产，春旱严重情况下减产超过 50%，正常年份需要浇灌以满足小麦生长的水分需要。

1. 灌水时期

如土壤墒情适宜，麦苗生长良好，可以不灌；如偏旱时可

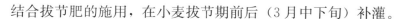

结合拔节肥的施用，在小麦拔节期前后（3月中下旬）补灌。

2. 灌水量与方式

一般采用畦灌或沟灌，畦灌灌水量 45～60 mm，根据天气、土壤质地、墒情、小麦群体生长状况等调整，通常在畦面中间表土湿润时停止灌水。有条件地区推荐小麦微喷补灌、智能控制定量补灌技术等先进的灌溉方式。

喷灌灌水量在灌水前根据灌水额定公式计算：

$$M = 10 \times \rho b \times H \times (\beta1 - \beta2)$$

式中：

M——灌水量；

ρb——深度 60 cm 土层内土壤容重；

H——土层深度（深度 60 cm）；

$\beta1$——目标土壤相对含水量（65%）；

$\beta2$——灌水前实测土壤相对含水量。

（五）孕穗水

此期是小麦需水临界期，如遇干旱会造成严重减产，因而应当尽力满足小麦生长的水分需要。

1. 灌水时期

如土壤墒情适宜，麦苗生长良好，可以不灌；如偏旱时可结合孕穗肥的施用，通常在小麦孕穗期前后（4月中旬）根据天气状况、土壤墒情补灌。

2. 灌水量与方式

一般采用畦灌或沟灌，畦灌灌水量通常 45～60 mm，根据天气、土壤质地、墒情、小麦群体生长状况等调整，通常在畦面中间表土湿润时停止灌水。有条件地区推荐小麦智能控制定量补灌技术等先进的灌溉方式。

喷灌灌水量在灌水前根据灌水额定公式计算：

$$M=10\times \rho b\times H\times(\beta 1-\beta 2)$$

式中：

M——灌水量；

ρb——深度 60 cm 土层内土壤容重；

H——土层深度（深度 60 cm）；

$\beta 1$——目标土壤相对含水量（65%）；

$\beta 2$——灌水前实测土壤相对含水量。

四、技术效果

黄淮南部稻茬小麦播种时土壤底墒较好，可以不灌溉。干旱季节，若以高产为首要目标，可分别在拔节期、孕穗期和开花期各进行一次畦灌，可增产 20%～30%，降水较多时可适度减少灌溉次数，孕穗期灌水可兼顾产量和水分利用效率；若以节水高产并重为首要生产目标，则建议在拔节和孕穗期分别进行一次微喷灌，可以增产 10%～20%。

著写人员与单位

朱新开，苏盛楠，王亚华

扬州大学

第六节　麦套旱稻节水栽培技术

根据江淮地区麦、稻周年生产实际情况，为推广该地区麦

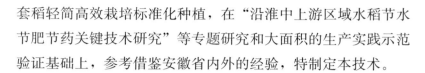

套稻轻简高效栽培标准化种植，在"沿淮中上游区域水稻节水节肥节药关键技术研究"等专题研究和大面积的生产实践示范验证基础上，参考借鉴安徽省内外的经验，特制定本技术。

一、范围

本技术规定了江淮地区麦套旱稻轻简高效栽培技术中的生产目标、品种选用、种子质量、田块选择、前茬收获、播种、肥水管理、病虫草害防治和收获等。

本技术适用于安徽江淮地区的中稻生产区，也可供沿淮流域的中稻生产区参考。

二、生产目标

每公顷有效穗 270 万～300 万，每穗实粒数 140 粒左右，千粒重 26 g 左右，理论每公顷产量 9 750 kg。比当地习惯生产法灌溉水分利用效率提高 15%～20%，肥料利用效率提高 10%～15%，农药使用量减少 10%～15%。

三、技术要点

（一）品种选用

选用经过安徽省或国家农作物品种审定委员会审定的全生育期 135 d 左右、分蘖力强、大穗型或穗粒并重、抗倒伏的优质高产耐旱水稻品种。稻米品质按 GB/T 17891—2017 执行。

（二）种子质量

种子质量应符合 GB 4404.1—2008 规定。

（三）田块选择

麦套稻要注重田块选择，选用地势平坦、耕作层深厚、三沟配套、排灌方便、杂草少、底脚利落的麦田。

（四）前茬收获

小麦机械化收割留茬高度 30 cm 左右，麦秸秆就地粉碎均匀撒开，施于田表土或将部分秸秆埋入沟底还田，增加土壤有机质，改善稻米质量。

（五）播种

1. 种子处理

选晒种后用 25％咪鲜胺 1 500 倍液浸种 36 h，防水稻小穗头和秧苗期病害，直接催芽达到 50％稻种露白时，拌河泥，再用干细土揉成颗粒，做好播前种子处理。

2. 播种量

每公顷用种量 75～90 kg，基本苗播量控制在每公顷150 万～180 万。根据麦套稻群体穗数增加、每穗粒数减少、结实率低的生育特性，要严格控制播种量，抓好立苗全苗关。人工播种的称斤定畦，均匀撒播。地头边幅相应增加 10％。播后及时用绳拉麦株，使稻种全部落地。

3. 适时播种

水稻套播应在 5 月 15～20 日。保持稻麦共生期 10～15 d。共生期不宜过长也不宜过短。

（六）肥水管理

1. 肥力运筹

根据麦套稻前期生长慢，中期爆发力强，后期熟相好的生育特性，要早施、重施苗肥，看苗施好穗肥。早施分蘖肥。水

稻中后期田间麦秸秆腐烂分解，增加大量有机肥，所以前期施肥量要比正常栽培稻多些，基蘖肥与穗肥比例7：3。

（1）早施、重施苗肥，看苗施好穗肥 针对套套播稻种植时不施底肥，前期生长较弱，吸肥能力差的情况，应在麦收后第一次灌水时，每公顷施碳酸氢铵 600～675 kg、过磷酸钙 450～600 kg、氯化钾 180 kg，或高浓度复合肥 375～450 kg。

（2）早施分蘖肥 麦套稻苗龄 7 叶以下低位分蘖少，8 叶以上高位分蘖多，但成穗率低，因而要早施分蘖肥，每公顷施尿素 105～120 kg，促进低位分蘖。

（3）轻施穗肥 穗肥以促花肥为主，保花肥占穗肥总量的 20％以下或不施。促花肥和保花肥在叶龄余数 3.0～3.5 叶及 1.0～1.5 叶时进行，即 7 月底 8 月初每公顷施尿素 120～150 kg、过磷酸钙 150～300 kg、氯化钾 75 kg、硅肥 75 kg，重施促花肥攻大穗，8 月 10～15 日看苗施保花肥。

2. 水分管理

（1）苗期有水分管理 水分管理上以水调群体，播种后及时灌"跑马"水，播后当天下午灌水，待麦田土壤浸透后迅速排水，确保第二天清早麦田不积水，以后保持土壤湿润，促进水稻扎根立苗。小麦机械收获后第二天水分灌溉并进入正常大田管理。

（2）分蘖期适度搁田 分蘖期浅水勤灌，土壤相对含水量控制在 60％～80％，7 月 8～10 日，水稻达到够苗及时搁田。由于高位分蘖多，搁田要适度，分数次搁，要由轻到重。7 月 25 日左右达高峰苗，每公顷控制在 450 万～525 万的中期控苗目标。

（3）抽穗期饱和水 拔节孕穗期土壤相对含水量控制在 70％～80％，抽穗开花期则控制为饱和水。

（4）灌浆期干湿交替 灌浆结实期实行干湿交替，防止断水过早。乳熟期土壤相对含水量仍要控制在 70％。

（七）病虫草害防治

1. 病虫害防治

3 叶期每公顷用 27％噻虫胺·精甲霜灵·咪鲜胺铜盐750 g，混干细土 150 kg 撒施于土壤，保水 3 cm 深。在 6 月 5日、15 日和 25 日用 5％氟虫腈悬浮剂 450～900 mL 加 75％灭瘟灵粉 375 g，兑水 600～750 kg，进行常规喷雾。防治稻象甲、稻蓟马、螟虫、稻飞虱等害虫和条纹叶枯病、苗稻瘟等病害的发生。

中后期每公顷施 50％病虫清 1 200 g 加 20％三环唑1 500 g，兑水 450 kg 喷雾，用药后保持 3 cm 高的水层持续4～5 d，以提高防效。按照 NY/T 5117—2002 标准执行。

2. 麦套稻杂草防治

在麦收灌水后 5 d 内用药，每公顷用稻农乐 450～600 g 兑水 450 kg 喷雾，2 d 后建立水层。残留杂草人工拔除。

（八）收获

水稻籽粒黄熟 80％以上，齐穗后 31～39 d，稻谷含水量在 20％左右时机械或人工收获。勿在沙石和沥青等路面晒谷，避免在水泥场地薄摊暴晒，至水分含量达标准时及时贮藏。

参考文献

中华人民共和国国家质量监督检验检疫总局，中国国家标准化管理委员会，

2009. 粮食作物种子 第 1 部分，禾谷类：GB 4404.1—2008. 北京：中国标准出版社.

中华人民共和国国家质量监督检验检疫总局，中国国家标准化管理委员会，2017. 优质稻谷：GB/T 17891—2017. 北京：中国标准出版社.

中华人民共和国农业部，2002. 无公害食品 水稻生产技术规程：NY/T 5117—2002. 北京：中国标准出版社.

著写人员与单位

施六林[1]，张德文[2]，王斌[1]，王伟[1]，王艳[1]，吴炜[1]

[1] 安徽农业科学院农业工程研究所；[2] 安徽省农业科学院水稻研究所

第七节　水稻补灌智能节水技术

稻田水分是水稻产量形成的物质基础，保持土壤充足的水分，有利于维持水稻正常生理活动，获得高产。稻田水分的不同调节方式对水稻的需水量和产量会产生不同的影响，"浅、湿、干"灵活调节的优化灌溉模式与合理的"促、控、养"栽培技术相结合，可以使灌溉水的生产率显著提高。当前，不当的大水深灌、过度淹灌等灌溉方式，不但浪费水资源，还会造成水稻减产。因此，水稻灌溉中，必须精准施策，适时灌溉，从而挖掘水稻生产潜力，实现高产目标。

一、水稻需水规律

稻田的水分情况对水稻的健康生长有着较大影响，掌握水稻生长需水规律对实现合理有效灌溉具有重要作用。

1. 稻田水分状况对水稻生长发育的影响

稻田水分是水稻生长发育生理活动的重要基础。当土壤水分含量下降到 80％以下时，因水分不足，阻碍水稻对矿质元素的吸收和运转，使叶绿素含量减少，气孔关闭，妨碍叶片对二氧化碳的吸收，光合作用减弱，呼吸作用增强。保持土壤充足的水分，有利于水稻正常生理活动，利于分蘗、长穗、开花、结实，获得高产。试验表明在水稻生育过程中，任何一个时期受旱都不利于水稻的高产，但以返青、花粉母细胞减数分裂、开花与灌浆四个时期受旱对产量影响最大。

（1）返青期缺水，秧苗不易成活返青，即使成活对分蘖及以后各生育时期器官形成均有影响。

（2）幼穗发育期，叶面积大，光合作用强，代谢作用旺盛，蒸腾量也大，是水稻一生中需水最多的时期，初期受旱抑制枝梗、颖花原基分化，每穗粒数少，中期受旱使内外颖、雌雄蕊发育不良。减数分裂期受旱颖花大量退化，粒数减少，结实率下降。

（3）抽穗开花期，水稻对水分的敏感程度仅次于孕穗期，缺水会造成"卡脖旱"，抽穗开花困难，包颈白穗多，结实率不高，严重影响产量。

（4）灌浆期受旱，影响植株对营养物质的吸收和有机物的形成、运转，从而使粒重、结实率降低，青米、死米、腹白大的米粒增多，影响产量和品质。

（5）水稻虽耐涝力强，短期淹水对产量影响不大，但若长期淹水没顶则会影响生育及产量。不同生育时期对淹水的反应

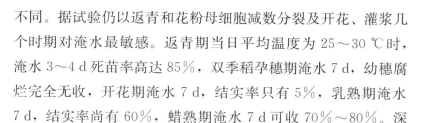

不同。据试验仍以返青和花粉母细胞减数分裂及开花、灌浆几个时期对淹水最敏感。返青期当日平均温度为 25～30 ℃时，淹水 3～4 d 死苗率高达 85%，双季稻孕穗期淹水 7 d，幼穗腐烂完全无收，开花期淹水 7 d，结实率只有 5%，乳熟期淹水 7 d，结实率尚有 60%，蜡熟期淹水 7 d 可收 70%～80%。深灌会使土壤中氧气减少，田泥温昼夜温差减小，稻株基部光照减弱，对根的生长及分蘖发生均不利，且茎秆软弱易倒伏。

2. 各生育时期水分蒸腾量的变化

水稻的叶面蒸腾量，随植株叶面积的加大而增多，至孕穗到出穗期达最高峰，后又下降，但水稻的蒸腾量既与品种有关，又受气温、湿度、风速、降雨等环境条件及栽培技术的影响。

稻田需水量由叶面蒸腾量，窝间蒸发量和稻田渗漏量三者组成，前二者又合称耗水量。

（1）窝间蒸发量一般是移栽后最大，且随着稻株对稻田覆盖度的增大而减少，约在分蘖末期后稳定在一定水平不再有大的变化，蒸发量与蒸腾量之间的关系是插秧初期蒸发大于蒸腾，分蘖末期到成熟期则是蒸腾大于蒸发。稻田蒸发量，一般占总需水量的 60%～80%，不同地区，不同类型品种之间蒸发量有一定差异。各生育期的蒸发量随生育期向后推移，日平均蒸发量逐渐加大，于抽穗后达最大值，以气象因素影响最大。温度高、风力大、空气湿度小则蒸发量大，反之则小。

（2）耗水量呈现的特点，一般插秧密度大较密度小的耗水量大，深灌较浅灌耗水量大，浅灌又较湿润灌溉的耗水量大。随着施肥水平的提高，耗水量有增大的趋势。高产田干物质积累多，耗水量也较低产田大，但平均每千克稻谷所需耗水量减少。

（3）渗漏量是稻田水分消耗的另一途径，其大小因土质、地下水位深浅、耕作及灌溉方法不同而异。在一定条件下，土壤愈黏重、透水性愈弱，渗漏量愈小；土壤沙性愈重、透水性愈强，渗漏量愈大；耕作粗放及新开田渗漏量大，深灌比浅灌渗漏量大。稻田渗漏具有输氧、排毒、更新土壤环境的良好作用，但渗漏量过大会增加养分的流失。

（4）灌溉定额稻田需水量，除一部分由水稻生长季节的降水直接供给外，另一部分则需灌溉补充，因土质、前作、气候、耕作及土壤含水量等而异。土壤质地疏松较紧实的用水量多，含水量低较含水量高的用水量多，新开田较老稻田用水量多，坡地较低洼地用水量多，冬闲田较冬作田用水量多，旧法泡田比新法泡田用水量多。

二、沿淮水稻主栽品种需水特点及补灌要求

1. 主栽品种需水特点

安徽省单季水稻种植主要分布在沿淮和江淮地区，沿淮为单季晚稻，江淮为一季中稻。

本田生长期为 5～10 月，自北向南有所提前，拔节至抽穗开花的需水关键期沿淮为 8 月下旬至 9 月上旬，江淮地区为 8 月上、中旬。本田生长期需水量年际波动不大，为 450～650 mm，没有明显趋势变化；同期太阳净辐射和风速呈显著下降趋势，而气温呈显著上升趋势，因此一季稻生长期内需水量减少，主要是由于太阳净辐射和风速的显著下降，可能补偿了气温升高所引起的需水量增量。

水稻需水量表现出自北向南增大的特点，其相应时段内降水量南部大于北部。稻田生长期江淮中部地区水分亏缺10%以上；需水关键期，除沿淮中、东部地区水分供应充足外，其他大部分地区水分供应不足，水分亏缺在10%～40%。水稻6月中、下旬移栽至7月中、下旬分蘖期正值梅雨季节，水分供应比较充足，容易发生涝灾；7月下旬以后梅雨结束，高温天气接踵而来，绝大部分时段水分供需基本持平，但8月上中旬水分供应略有不足，此时正是江淮地区水稻的需水关键期，对产量有一定影响。水稻需水关键期的干旱问题不容忽视，应当在水分充足期做好蓄水供水工作，以保证后期伏旱期间稻田用水。

2. 灌溉定额

由于作物的需水特性、土壤性质以及气象条件和灌溉用水方式的差异，不同种类作物的灌溉定额（作物全生育期历次灌水定额之和）有很大的差别。水稻的灌溉定额比旱作物的灌溉定额大，同一作物在干旱地区比湿润地区的灌溉定额大，强透水性土壤及干旱年份作物的灌溉定额大。

灌水定额是依据土壤持水能力和灌溉水资源量确定的单次灌溉量。在灌溉水资源充足情形下的灌水定额决定于土壤持水能力，为最大灌水定额，计算公式为：

最大灌水定额＝计划湿润深度×（田间持水率－实际含水量）

式中，最大灌水定额、计划湿润深度的单位为 mm，田间持水率、实际含水量为容积含水量。

灌溉量若小于最大灌水定额计算值，则灌溉深度不够，既不利于深层根系的生长发育，又将增加灌溉次数。灌溉量若大于此计算值，则将出现深层渗漏或地表径流损失。

3. 水分缺额及补灌要求

（1）水分缺额计算公式为：水分缺额＝水稻生理需水量－（生育期降水量－窝间蒸发量－稻田渗漏量－径流量）。

水稻对水分的需求可分为生理需水和生态需水两部分。生理需水是指水稻进行正常生理活动必需的水量，而生态需水则是调节稻田生态环境所消耗的水分。

① 生理需水。生理需水的指标是蒸腾系数，即生产 1 g 干物质所消耗的水分数量，水稻的蒸腾系数一般在 395～635。

水稻一生中的干物质生产速度特点是早期慢而中期逐渐增加，抽穗期最高，以后又逐渐降低。水稻各生育时期的蒸腾系数变化却正好相反，早期较高，中期较低，后期最高。水稻蒸腾系数的大小与品种特性有密切关系，一般植株高大、生育期长、自由水含量高的品种蒸腾系数大；而植株矮小、生育期短、束缚水含量高的品种蒸腾系数小。生态环境条件对蒸腾系数有直接影响，大气湿度低、温度高、光照强、风大则蒸腾系数大，反之蒸腾系数小。另外，土壤水分充足时蒸腾系数较大，干旱时蒸腾系数往往降低。

② 生态需水。调节田间小气候，水层对稻田温度和湿度有一定调节作用，可以缓解气候条件剧烈变化对水稻的影响。如低温时可灌水保温，高温或干热风时可灌水降温，提高空气湿度等。

调节水稻生长发育水分状况直接影响水稻生长发育，是栽培调控的重要手段。如分蘖期浅湿促进分蘖，有效分蘖终止期晒田或深水控制无效分蘖，灌浆结实期干湿交替养根保叶等。

抑制稻田杂草水层对一般早生杂草包括湿生型的稗草都有不同程度的淹灭效果，晒田又能抑制某些沼生或水生杂草的发生。因此，通过水层调节，在一定程度上可以减轻杂草的危害。另外，有些化学除草剂，也需水层的配合才能发挥较好的除草效果。

改良盐碱土水稻是盐碱地的先锋作物，这并不是因为水稻特别耐盐碱，而是因为灌水的洗盐、稀释作用。实践证明，在盐碱地上种稻是一条寓改良于利用的成功经验。

③ 稻田需水量。稻田需水量是指水稻生育期间单位土地面积的总用水量，也称耗水量，包括植株蒸腾、株间蒸发及土壤渗漏三部分，前两部分合计称为耗水量。移栽水稻稻田需水量应包括秧田和本田两部分，但秧田期需水量较少，约占本田需水量的 3%～4%。尤其是旱育秧需水更少，不到本田需水量的 1%。因此，一般秧田需水量可忽略不计，只考虑本田需水量。

耗水量主要由气候因素决定，是太阳辐射、大气温度及湿度、风速等多种因素对水稻群体综合影响的结果。总的趋势是南方小，北方大。在北方稻区内也有较大差异，干旱大陆性气候的西北地区如宁夏和新疆水稻耗水量最大，达 835.2～1 118.4 mm；半干旱半湿润季风气候区的蒸发量较小，华北为 456.0～750.0 mm；东北地区为 533.5～574.6 mm，南部为 591.8～645.4 mm。耗水量还因生育时期而异，蒸腾和蒸发是互为消长的。蒸腾强度随叶面积的增加而增加，在孕穗到抽穗期达到高峰，以后随着叶面积指数的降低而降低。株间蒸发的变化则与蒸腾相反，插秧初期叶面积指数小，蒸发远大于蒸腾，进入分蘖期以后蒸发随着叶面积的增加而降低，拔节期以后基本稳定，后期叶面积指数降低后又略有回升。蒸腾和蒸发之和的耗水强度的变化与叶面积指数的消长相似，大体是返青后逐渐增加，在孕穗到抽穗期达到高峰，以后又逐渐降低。此外，耗水量还受栽培技术如密度、施肥量和灌水量的增加而增加。

渗透量除与土壤质地有直接关系外，还受灌溉方式与地下水位的影响。水层越深、淹灌期越长、地下水位越低，渗透量越大。提高整地质量和浅湿灌溉有利于降低渗透量。北方新稻田多，大多没有形成稳定的犁底层，而且稻田有很大部分不连片，水旱交错，因此渗透量较大，一般占稻田需水量的 43%～63%，而南方仅为 7%～29%。所以，减少渗透量是北方种稻的重要技术措施。从另一个角度看，适度渗透可以促进土壤气体交换，供给根呼吸作用需要的氧，并能排除土壤中多余的盐分和避免还原性有毒物质的积累，对水稻生长有利。国内外研究的结果，稻田适宜渗透量为每昼夜 5～20 mm。

稻田的需水量，除一部分由水稻生长季节的降水直接供给外，还有一部分需要灌溉来补充，每公顷稻田需要灌溉补充的水量称为稻田的灌溉定额。北方稻田耗水量和渗透量都高于南方，而且降水量又少于南方，所以稻田灌溉定额大大高于南方。一般南方单季稻灌溉定额 300～420 mm，变幅较小；而北方稻区约为 750～1 500 mm，变幅较大。

（2）根据水分缺额的确定，水稻不同生育期补灌要求具体表现为对水分的要求与灌溉方法，返青期稻田保持一定水层，为秧苗创造一个温湿度较为稳定的环境，促进早发新根，加速返青。水稻分蘖期土壤由饱和含水到浅水层之间，稻田土壤昼夜温差大，光照好，促进分蘖早发，单株分蘖数多。稻穗发育期的需水量最多，约占全生长期需水量的 40%，适宜采用水层灌溉，但淹水深度不超过 10 cm，维持深水层的时间也不宜过长。开花期要求有水层灌溉。我国南方稻区早、中稻抽穗开花期常有高温伤害问题，稻田保持水层，可明显减轻高温影响。灌浆结实期宜采用间歇灌溉，保持土壤湿润，使稻田处于水层与露天交替状态，做到"以水调气，以气养根，以根保叶"。

补灌方法是以生理需水为基础，结合生态需水来制订，总的灌溉原则是有水活蔸，浅水分蘖，中期搁田，润长穗，干湿壮籽。烤田或搁田能够改变土壤的理化性状，更新土壤环境。晒田后，大量空气进入耕作层，土壤氧化还原电位升高，二氧化碳含量减少，原来渍水土壤中甲烷、硫化氢和亚铁等还原物质得到氧化，含量减少，加速有机物质的分解矿化，土壤中有效养分含量提高。但铵态氮易被氧化和逸失，磷则由易溶性向难溶性方向转化，导致晒田过程中耕层土壤内有效性氮、磷含量暂时降低，但复水后土壤中的养分氮迅速提高。

三、水稻田间智能节水设施

（一）技术目标

根据水稻（稻-虾）需水要求，运用智能调控设施，将田间灌溉由传统的手动操作水闸转变为高效智能远程控制，通过对田间土壤水分的监测，实时调控田间配水供水，满足水稻（稻-虾）高产优质需水要求，提高灌溉效率。利用田间灌溉渠道，合理设计与布局，应用水稻（稻-虾）田间智慧供水专家决策系统、稻田无线网络技术、自动控制技术、自供电技术和物联网技术等，建立信息化、网络化、智能化田间农业灌溉系统，智能调控终端，自动灌溉，达到操作方便、节省人力和水资源、增产提效的目的。

（二）关键技术

1. 微闸系统控制技术

实施嵌入式系统设计，综合集成专家决策系统、自供能、水位感知、红外线遥控、联网控制等多种功能，实现智能控制。对灌溉现场进行布局设计，满足安装灌溉需要，优化安装工艺，提高环境适应性，提升使用寿命。安装时保证作物田间灌溉水渠中的机械框架顺利实现灌溉水源的流入和关闭操作。电子系统实现对微型闸装置的自动操作，并预留接口，便于后期进行装置物联网及远程控制；硬件系统保证电子系统正常工作，实现装置的自动控制；安装在作物田灌溉水渠中的机械框架通过电机推杆控制水闸门的上下启闭，实现灌溉水源的流入和关闭（图1-1）。保障装置稳定可靠、防生锈；传感器智能检测开关，工况可靠性高。

2. 水分采集与识别技术

基于智能灌溉系统的数据采集需求，选用水位、土壤墒情等传感器，采用有线或Lora、ZigBee等无线方式接入数据集中器，构建灌溉装置的环境数据末端采集模块，实时采集、识别稻田水分状况。基于灌溉装置的驱动控制需求，选择手控、自控、远控三种控制方法，完成装置自动化配置。

图 1-1 水稻智能节水系统

3. 专家知识系统应用技术

根据水稻主要栽培品种水稻需水敏感期，实施可开放的专家系统，数据共享。水稻田间用智能节水灌溉专家系统，可对水稻田给水策略进行支撑，由人机交互界面、知识库、推理机、综合数据库、知识获取等五个部分构成。综合数据库包含求解问题的世界范围内的事实和断言，知识库包含所有用"如果：〈前提〉，于是：〈结果〉"形式表达的知识规则。推理机可运用控制策略找到可以应用的规则。

4. 智能引擎应用技术

采用基于动态知识库的"感知→识别→决策→行动→感知"的闭环处理过程，形成感知环境、适应新变化、协同工作、自主学习等能力。开展稻田水分感知、分析、决策、控制引擎技术研究，通过稻田水分感知技术研究，获取稻田真实水分分布状态。合理设置，利用人机交互界面、知识库、推理机、解释器、综合数据库、知识获取等六个模块。融合互联网技术、大数据处理技术以及人工智能技术，研制新型智能引擎，在分布式体系结构中实施智能决策和自动化控制，建立可自适应调整的控制规则。

5. 数据通信与交换系统应用技术

采用星型网和网状网相结合的网络设计方案，通过实验调整，在保证系统时效性的基础上降低网络的使用费用，以实现最佳的网络效益。网关设备与服务器设备之间采用扁平式设计，服务器与终端设备采用 B/S 三层体系结构，统一客户端，简化系统的维护和使用。

6. 数据处理与展示平台应用技术

主要完成水稻田灌溉系统的信息化和人机交互，基于三维地理信息建模等技术，开展实时、友好的场景控制界面。其中，感知数据显示将来自传感器的各类数据在应用软件上做出展示；需求分析结果显示则在感知场景上叠加控水需求；水流控制场景显示根据决策控制和传感器数据展示当前水流状态；人为决策干预可在必要时对控水需求进行适当调整，并可对具体设备实施远程控制。采用 WebGIS 将灌溉系统网络分布及节点位置直观展示，实时显示其运行状态信息，提供远程控制接口。构建基础数据库，实现数据的存储、统计归类分析、监控和调用，为 B/S 结构的监测与技术支持系统提供后台数据库服务。

应用建成的数据库，实现数据的存储、统计归类分析，监控和调用，为 B/S 结构的技术支持系统提供后台数据库服务。软件平台应具备的功能如图 1-2 所示。

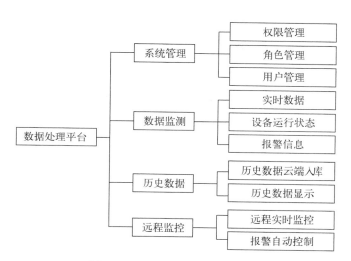

图 1-2 数据处理平台主要功能

应用跨平台应用软件设计，既可在 PC 端也可在移动端检测和控制远端设备。可确保用户全天候 24 h 对水稻（稻-虾）田间给水情况进行监测控制，随时随地查看水稻田给水设备的工作状态，检查相关监测数据是否正常，并可对一些突发情况做出响应，进行相关操作控制，以防止险情的发生。

（三）主要技术特点与参数

1. 主要技术特点

（1）可以单台独立使用，也可以多台联网使用。

（2）智能决策，实时监控，自动灌溉。

（3）光伏自供能，无需外源接电，安全便利。

（4）可以单向灌溉，也可灌排一体。

（5）自控、手控、远控智能切换调节，简单方便。

2. 技术参数

型号：ky-znjs-yc；开合时间≤30 s；现场响应时间≤1 s；远程响应时间≤2 s；开闭速度10 mm/s。光伏电力续航时间≥144 h；供电方式：光伏能；网络接入方式：4G；控制方式：自控、远控。

3. 适用区域

适用水稻田间灌溉、稻虾共作、池塘等沟渠配套区域，特别在是现代农业示范园区、科技园区、高标准农田建设中比较适宜推广。

参考文献

杜建民，孟凡民，王峰，等，2010. 宁夏中部干旱带旱地西瓜根际补灌栽培最佳补灌时期及适宜补灌量的研究. 干旱地区农业研究，28（6）：12-14.

黄爱军，2011. 江淮地区近50年农业气候资源时空变化及稻麦生产响应特征研究. 南京：南京农业大学.

贾程程，2016. 江淮丘陵区典型灌区库塘田联合水资源系统模拟及优化. 合肥：合肥工业大学.

凌毅，吴珠明，2007. 淠史杭灌区中稻受旱试验研究. 节水灌溉（3）：63-66.

王喆，2015. 不同节水措施和补灌量对作物生理生化特性及产量的影响. 郑州：河南大学.

许莹，马晓群，吴文玉，2012. 气候变化对安徽省主要农作物水分供需状况的影响. 气候变化研究进展，8（3）：198-204.

俞建河，吴永林，丁长荣，等，2017. 皖东江淮丘陵区不同水文年水稻优化灌溉制度的研究. 节水灌溉（1）：94-97.

张秋平,杨晓光,薛昌颖,等,2007.北京地区旱稻作物需水与降水的耦合分析.农业工程学报,23(10):51-56.

著写人员与单位

施六林,王伟,王斌,王川

安徽农业科学院农业工程研究所

第二章 节肥关键技术
CHAPTER2

第一节　冬小麦新型缓控释肥及其施用技术

使用化肥是当代粮食生产发展的需要，也是粮食增产的基本保证，常用的速效肥料肥效期短，在生产上必须通过分次追肥，才能满足作物整个生育期间对养分的需要。这样做在生产上不仅费工费力，而且在追肥过程中很难避免人畜机械损坏小麦植株和根系，同时由于受人力、物力、气象等条件限制，难以充分发挥肥料的增产作用。要解决问题的根本，必须突破传统施肥习惯，创新施肥技术，以新型改型、改性缓控释肥料为载体，推广小麦简化施肥技术，目的是提高肥料利用率，降低生产成本，提高小麦产量和效益。

小麦施肥技术是小麦栽培技术体系的重要组成部分，在生产上发挥着重要作用。多年来，小麦施肥技术一直在不断地改进和发展，推广了小麦氮肥后移、高产小麦注重灌浆期养分投入的分期施肥方法，在提高小麦产量和肥料利用率等方面取得了明显的效果。但是农村追肥表施的现象普遍存在，致使肥料利用率降低，尽管施肥量逐年加大，小麦产量提高幅度不显著，种田成本连年增加，经济效益明显下降，这种不科学的施肥习惯带来的负面效应与当前发展节本农业、增效农业是不相适应的。近阶段，我们在小麦施肥技术方面，进行了深入的研

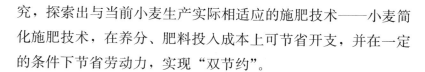

究，探索出与当前小麦生产实际相适应的施肥技术——小麦简化施肥技术，在养分、肥料投入成本上可节省开支，并在一定的条件下节省劳动力，实现"双节约"。

一、技术要点

小麦缓控释肥施用技术，就是改过去小麦生育期间多次施肥为整个生育期一次性施肥技术。根据小麦不同生育阶段对各营养的需求特点以及当地的气候特征和土壤条件，以小麦目标产量为基础，按配方施肥理论和肥料改型改性制造技术，将小麦整个生育期所需的养分，在播种同时利用播种深施肥机一次性施入（进行侧深施，横向距离种子 4～6 cm，纵向距离种子 3～5 cm 处），小麦种子播种深度在 3～5 cm。

（一）肥料品种选择

氮肥选用小麦专用缓释氮肥、腐植酸尿素，如果配施速效氮肥可选择颗粒硫酸铵或颗粒普通尿素。磷肥可选磷酸一铵或磷酸二铵、过磷酸钙或重过磷酸钙等。钾肥可选氯化钾或硫酸钾。也可选用磷钾复合肥，肥料均为规则或不规则颗粒状，直径 2～4 mm，颗粒硬度大于 30 N，利用农业机械施肥。

缓释氮肥为包膜型缓释氮肥，质量应符合 GB/T 23348—2009 缓释氮肥的要求。即氮素初期释放率≤15%，氮素释放期≥60 d，氮素释放期的累积释放率≥80%。使用热塑性树脂包膜缓释氮肥，若产品氮素释放期≥4 个月，需配合一定比例的速效氮肥施用。冬小麦专用生物可降解型包膜缓释氮肥（该类肥料的膜材料是由可降解的天然高分子与合成高分子组成，膜结构为网络互穿型，当膜材料中的天然高分子降解破碎后会带动整个复合膜结构破裂并易于降解，复合膜具有生物可降解性）可单独施用，适用于中高产田；也可配合 10％～20％ 的腐植酸尿素，提高肥料生物活性，适用于中低产田。热塑性树脂包膜缓释氮肥若氮素释放期＜4 个月，且氮素初期释放率≥5％，则可单独施用，若氮素初期释放率＜5％，则仍需配施10％～30％ 的速效尿素。热固性树脂包膜缓释氮肥若氮素释放期＜4 个月，且氮素初期释放率≥5％，也可单独施用，但若氮素初期释放率＜5％，则仍需配施 10％～20％ 的速效尿素。

（二）施肥机械

小麦播种施肥机设计有开沟器、镇压轮、齿轮、链条、旋钮等装置，小麦播种施肥机需挂在微耕机上，依靠微耕机的牵引进行作业，种子和肥料装置及传输装置均分开。作业的时候，微耕机前进，镇压轮上的驱动齿在地面阻力作用下带动镇压轮转动，进而通过其上的齿轮和链条，带动排种器和排肥器转动，种子和肥料顺势落下。开沟排肥器开出沟的深度一般为6～8 cm。肥料排出后，周围土壤回落。相对错开的开沟下种器开出沟的深度一般为 3～5 cm，种子落在施肥后回落的土壤上。随即镇压轮进行盖种。

普通的播种施肥机是种、肥分施式播种机，其排肥量的调整需要试播来确定。将肥料装入肥箱后，机器行走一段距离，计算其排肥量的多少，调整下料口的宽窄，经过调整后达到要求排肥量。覆土厚度一般调整到 40～50 mm，并及时镇压保墒。拖拉机播种作业速度，一般选用Ⅲ挡作业，速度为 4 000～5 000 m/h 为宜。播种施肥作业时，田间停车地点要做好记号，并及时补种、补肥。机组作业过程中，要经常注意和观察排种器、输种管、排肥器、输肥管工作是否正常，发现问题要及时排除。而相对粗糙的播种施肥则可以通过转动播种施肥机上的旋钮来调整播种量和施肥量。播种机开沟器开沟深浅要一致，同台播种机的开沟器底平面应在一条直线上，相差不超过10 mm，并和地面相平行。开沟器之间距离应相等，保持行距一致，一般开沟器深度调在 60～80 mm。在进行播种作业前，首先拖拉机牵引播种机在地头或路面上进行实际播量试验，使开沟器不入土，种箱装入应播的小麦种子，行走一段距离，统计出 1 m 长的距离内各行种子粒数，观察是否与计算理论播种粒数相一致，如不相符，通过调节手柄的位置来调节排种量，直至与理论计算数值基本相等为止。单位长度内一行种子粒数＝（单位质量种子粒数×单位面积播种质量/畦长）/行数。

（三）肥料施用量

目标产量≥9 000 kg/hm^2 的高肥力土壤上，推荐施用缓释氮肥（N）240～300 kg/hm^2，磷肥（P$_2$O$_5$）120～150 kg/hm^2，钾肥（K$_2$O）90～120 kg/hm^2，另外按每公顷 15～30 kg 的硫酸锌进行掺入。根据缓释氮肥氮素释放期确定全部施用小麦专用生物可降解型缓释氮肥或热固型/热塑性树脂配合 10%～30%的速效氮肥。

目标产量 7 500～9 000 kg/hm^2 的中高肥力土壤上，推荐施用缓释氮肥（N）210～240 kg/hm^2，磷肥（P$_2$O$_5$）90～120 kg/hm^2，钾肥（K$_2$O）60～90 kg/hm^2，另外按每公顷 15～30 kg 的硫酸锌进行掺入。根据缓释氮肥氮素释放期确定全部施用小麦专用生物可降解型缓释氮肥或热固型/热塑性树脂配合 10%～30%的速效氮肥。

目标产量＜7 500 kg/hm² 的中低肥力土壤上，推荐施用缓释氮肥（N）150～210 kg/hm²，磷肥（P₂O₅）75～105 kg/hm²，钾肥（K₂O）45～75 kg/hm²，另外按每公顷 15～30 kg 的硫酸锌进行掺入。根据缓释氮肥氮素释放期确定施用小麦专用生物可降解型缓释氮肥配施 10％～20％ 的腐植酸尿素或热固型/热塑性树脂配合 10％～30％ 的速效氮肥。

二、技术效果

（一）增产增效

通过在黄淮海典型小麦产区进行控释氮肥与普通肥料在田间的应用对比，有以下结果（表 2-1）。

不同处理的纯氮养分投入量及籽粒产量有较大差异（表 2-1）。表中 FP 为农民习惯施肥量，每亩施用纯氮 16.34 kg，OPT 为优化施肥处理，和控 A 每亩施用纯氮 14 kg。从单位面积（hm²）投入氮素分析，优化施肥和等氮量的控释肥 A 处理较农民习惯施肥处理每公顷减少氮素投入 35.1 kg，而减少 20％ 氮的控释肥 A－/B－/C－三个处理的单位面积氮素投入相比 FP 处理减少 77.1 kg，相比 OPT 处理也有 42 kg/hm² 的减少量；从产量增幅看，OPT 处理相比 FP 有 0.72％ 的增幅，差异不显著，与 OPT 等氮量的控释肥 A 相比 FP 处理有 5.33％ 的产量增幅，大幅度减少氮素投入的控释肥 A－/B－/C－相比 FP 也有 1.76％、0.59％ 和－0.59％ 的产量变化，相比 OPT 处理的平均产量，控释肥处理中只有控 C－有小幅产量降低。从节本稳产的角度看，控 A、控 A－和控 B－三个处理在冬小麦上的一次性施肥具有一定效果。

表 2-1 不同处理氮养分投入及籽粒产量情况比较（n＝18）

处　　理	减少氮素投入（kg/hm²）		产量增加（%）	
	相比 FP	相比 OPT	相比 FP	相比 OPT
OPT	35.1	/	0.72	/
控 A	35.1	0	5.33	4.69
控 A（－20%N）	77.1	42.0	1.76	1.32
控 B（－20%N）	77.1	42.0	0.59	0.20
控 C（－20%N）	77.1	42.0	－0.59	－1.05

注：ABC 为三种不同类型的控释氮肥。以上处理除氮养分不同外，其他养分及管理措施一致。

在分析氮素投入量及产量增幅的前提下，不同处理间相比产量增加的地块比例各有不同（图 2-1）。其中两处理相比增产的地块在 50% 以上比例的为等氮量控释肥 A 比 OPT 处理、减 20% 氮量的控释肥 A－比 FP 处理，其余处理相比 FP 处理的增产地块比例均在 50% 以下。

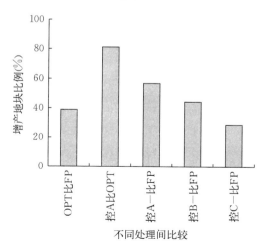

图 2-1 不同处理间相比小麦增产地块比例情况

由于相比 FP 处理减少了大量的氮素养分投入，OPT 处理、控 A、控 A－、控 B－、控 C－等处理表现出较高的氮偏生产力（图 2-2），其中减氮的控释肥 A－处理较 FP 处理的氮效率提高 40.7％。

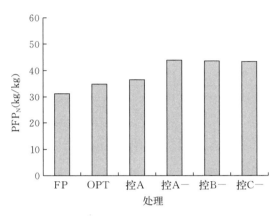

图 2-2　不同施肥处理间氮偏生产力

（二）环境友好

1. 对土壤影响

与 OPT 处理相比，CRF1（控释肥 1 处理）和 80％CRF1 在 90～120 cm 土层的硝态氮累积量较低，等量氮一次施入的控释肥处理硝态氮淋失到土壤下层的数量基本与优化施肥处理相当，特别是 80％CRF1 处理，控释肥减施能够明显减少 90～120 cm 耕层内硝态氮的累积量，从而减少对地下水的威胁。

2. 养分淋溶径流影响

硝态氮是氮流失的主要形态。研究发现，FP 与 OPT 处理的硝态氮损失量在各处理中表现较高，控释氮肥一次性施用的处理 CRF（沟施肥处理）在所有有氮素投入的处理中径流损失氮最小，与其他有氮投入处理差异达显著水平。

在小麦整个生育季，两种形态氮的淋溶损失量相当（各处理硝态氮平均淋溶量占无机氮总淋溶量的 48.7%）。FP 处理的硝铵态氮损失量均表现最高，OPT＋St 处理（优化施肥配合秸秆还田）的硝态氮和铵态氮淋溶量仅次于 FP 处理，却显著高于其他处理，CRF 处理的硝、铵态氮淋溶量均显著低于其他四个有氮处理。

小麦季内通过径流途径损失的可溶性磷占总磷径流损失量的 59.2%～76.1%。FP 处理总磷损失量在所有处理中表现最高，80%OPT＋M 处理〔优化施肥减 20%用量化肥＋有机肥（20%用量化肥等量）〕和 OPT＋St 处理也表现较高的总磷损失。两种形态磷损失比例相当，在不同处理中表现基本一致：均为 FP 处理最高，CRF 在所有施肥处理中表现最低。

3. 温室气体排放影响

N_2O 高排放通量主要发生在每次施肥和灌溉之后的一周时间段内，且呈现先增加后降低的趋势。小麦施基肥后第 1 天出现排放高峰，以施用普通肥料处理排放通量最高。第二次排放峰值出现在次年小麦返青后以普通肥料处理最高。控释肥 CRF1 减量施用措施可以减少 N_2O 排放，显著降低氨挥发积累量，缓控释氮肥能不同程度地降低 N_2O 积累量，CRF' 处理（缓控释肥耕层撒施）表现最明显。

（三）争时、省工

小麦简化施肥是在上茬作物（多为玉米）收获并秸秆还田后立即进行。该技术是将施肥、播种、镇压一次完成，省去了人工施肥和机械耕翻整地和浅耙工序，播种进度可提前 1 d，大面积播种可提前 3～5 d，不会因其他原因耽误最佳播种时期，且每公顷节省投工 7.5 个，为培育冬前壮苗争取了时间。同时采用缓释肥品种可适当节省小麦返青拔节期一次追肥的操作，节省劳动力。

（四）提高光、温、水、肥、土的资源利用效率

该施肥技术通过调整播种机械可进行宽播幅种子分散式粒播，有利于种子分布均匀，无缺苗断垄、无疙瘩苗现象出现，能充分利用土地资源，出苗后单株营养面积大，消除了集中条播形成的行内株间拥挤以及麦苗相互争水、争肥、争光而造成苗弱根少的弊病，提高了对光、热、水、肥和土地的利用率。

（五）节本增效、操作简便，易推广

小麦简化施肥技术简单易懂，可操作性强，半劳力、家庭妇女、老人均可监督操作。只要求将化肥与种子分开施入土壤，根据小麦产量定施肥量，不存在较难掌握的技术过程，推广难度小。

通过节省氮素肥料投入量 15%～20% 的前提下采用长效肥一次性与种子同时施用的施肥技术，70% 以上的试验有增产趋势，平均增产率达 6.6%，具有显著增产效果，每公顷节本增收共计 1 800～2 250 元，具有一定的实用意义和推广前景。

参考文献

中国国家标准化管理委员会，中华人民共和国国家质量监督检验检疫总局，

2009. 缓释肥料：GB/T 23348—2009. 北京：中国标准出版社．

著写人员与单位

冯波[1]，谭德水[2]

[1] 山东省农业科学院作物研究所；[2] 山东省农业科学院资源与环境研究所

第二节　冬小麦夏玉米轮作有机肥替减化肥技术

一、技术目标

针对中高肥力土壤，该技术可在不降低产量或略有增产的前提下，减少小麦季 10％～30％ 的化学氮肥施用量，并提高土壤有机质含量，降低农业面源污染。

二、确定当季养分总量

冬小麦、夏玉米当季养分需求总量采用各地测土配方施肥推荐用量。

三、确定当季有机肥和化肥的施用量

有机肥的用量根据各茬口的有机肥替减化肥氮的比例进行，并根据所采用有机肥资源的特性进行调整，具体内容见本节第四部分。化肥用量根据测土配方施肥推荐氮素养分量减去有机肥所能提供的氮肥量进行计算。

四、有机肥料运筹与施用模式

(一) 有机肥+配方肥模式

1. 选用适宜的有机和化学肥料种类

有机肥可以是牛粪、羊粪、猪粪、秸秆等原料经过充分腐熟所制成的农家肥，或符合 NY 525—2012 规定的商品有机肥料或符合 NY 884—2012 规定的商品有机肥或生物有机肥。以传统施肥方式施用时，化学肥料为符合各地测土配方施肥推荐的肥料品种或扣除有机肥提供氮磷钾养分后所生产的配方肥。采用水肥一体化方式施用时，化学肥料最好为水溶肥，也可以是含杂质较少、溶解度较高、符合不同层次水肥一体化技术要求的复合肥料或配方肥料。

2. 进行有机肥施用前的处理

有机肥和化学肥料可单独施用，也可简单掺混后或加工成有机无机复合肥进行施用。有机肥单独施用时，应保持施用时肥料结构松散，肥块大小不超过 5 mm。作简单掺混后再施用时，有机肥料应进行风干和粉碎处理，水分含量不超过 13%，肥块直径 70% 以上不超过 4 mm，同时不宜久放，以防结块。加工成有机-无机复合肥施用时，有机肥还应符合 GB 18877—2009 对肥料种类的要求，同时有机肥料含水量不超过 10%，肥块直径不超过 1 mm。

3. 确定有机肥与化肥用量

有机肥提供氮的量最低占当季作物氮肥推荐量的 10%，有机肥替减化肥的最高比例为商品有机肥或生物有机肥料不超过当季作物氮肥推荐量的 15%，自制有机肥不超过当季作物

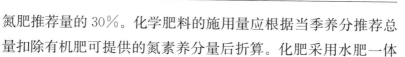

氮肥推荐量的 30％。化学肥料的施用量应根据当季养分推荐总量扣除有机肥可提供的氮素养分量后折算。化肥采用水肥一体化技术施用时，化学肥料的养分用量可进一步减少 10％～15％。

4. 肥料的施用方式与方法

轮作周期中，有机肥替减化肥以冬小麦季为主进行。小麦季全部有机肥与化肥基施部分在播种前撒施，随耕作翻入土壤中；化学氮肥作基肥的比例中产田不低于全生育期总量的 70％，高产田不低于 60％；其他肥料的施用方法根据一般田块化肥施用方法进行。

（二）秸秆还田＋配方肥模式

1. 秸秆还田方式

小麦收获后，秸秆粉碎覆盖还田，长度应小于 5 cm，最长不超过 10 cm，留茬高度尽可能低。玉米收获后，秸秆尽早粉碎还田，秸秆破碎率大于 90％，长度应小于 5 cm，最长不超过 10 cm，根茬清除率大于 99％。粉碎秸秆的抛洒宽度以收割幅度宽度为宜，为加快秸秆的分解，随秸秆还田每公顷施入腐熟好的有机肥或生物菌肥 1 500 kg 左右，随后连同化肥一并深翻入土，翻入土壤后，秸秆被土覆盖率大于 75％。

2. 化肥用量与施用方式

小麦季秸秆还田时化肥氮施用总量根据测土配方施肥的推荐用量和玉米秸秆还田提供的氮素总量相应减少，同时化学氮肥做基肥的比例中产田不低于全生育期总量的 70％，高产田不低于 60％，小麦季其他肥料的施用根据一般田块化学肥料的施用方法进行；玉米季化肥用量与各生育期肥料用量分配采用测土配方施肥推荐的用量与方法。化肥采用水肥一体化技术施用时，养分用量可进一步减少。

五、注意事项

1. 有机肥替减化肥时小麦玉米病虫害的发生规律与单独施用化学肥料时有所不同，因此应注意新模式下的病虫害发生规律监测，及时有效地防治病虫害。

2. 有机肥替减化肥时必须采用符合质量要求的有机肥料，避免生粪下地。

3. 最好每隔 3～5 年对农田土壤肥力与生产力状况进行综合评估。

4. "秸秆还田＋配方肥"模式下，注意幼苗生长状况观察，避免碳氮比失调；秸秆粉碎必须符合规定的技术要求，避免秸秆过长、破碎率不高、秸秆还田深度过浅等原因造成幼苗蓬架和土壤冬季跑风漏风等问题。

六、技术效果

在黄淮南部小麦玉米轮作区定位试验和大面积应用均表明，无论采用"有机肥＋配方肥"或是"秸秆还田＋配方肥"的有机肥替减化肥模式，小麦玉米轮作区土壤团聚体结构均明显改善，土壤有机质含量有一定的提升，土壤的保水性、通气性和土壤酸碱性明显得到改良。其中采用"有机肥＋配方肥"模式，与单施配方肥相比不仅可减少化学氮肥用量 10％～30％，还可使产量在维持现有水平的基础上有所提高；采用"秸秆还田＋配方肥"模式，化学氮肥的用量可减少 10％～30％，产量无显著降低。

七、适宜区域

适宜于黄淮海中高肥力冬小麦—夏玉米两熟制农田。

参考文献

中华人民共和国农业部，2012. 有机肥料：NY 525—2012. 北京：中国农业
　　出版社.

中华人民共和国农业部，2012. 生物有机肥：NY 884—2012. 北京：中国农
　　业出版社.

中华人民共和国国家质量监督检验检疫总局，中国国家标准化管理委员会，
　　2009. 有机-无机复混肥料：GB/T 18877—2009. 北京：中国标准出
　　版社.

著写人员与单位

韩燕来，李青松，李慧
河南农业大学

第三节　种肥同播机械及其使用技术

化肥是一种重要的农业生产资料，为提高作物产量做出了
重要贡献。作物施肥分为基肥、种肥、追肥等几种。基肥是在
作物种植前施入土壤的肥料，其目的是为作物生长发育创造良
好土壤条件，为作物整个生育期供应养分奠定基础。追肥是在
作物生长期间施用的肥料，其目的是及时调节作物不同生育期
对养分的需求，争取获得高产。种肥是在播种时施用的肥料，

其目的是为幼苗提供充足的养分，为获得壮苗创造良好的条件，为作物后期生长奠定基础。可见，种肥对作物生长有至关重要的作用。种肥施用时，根据肥料相对种子的位置不同，通常分为侧位深施肥、正位深施肥、侧位穴深施和种肥混撒等几种。传统的种肥施肥方式是将肥料与种子混合，人工撒播或用播种机一起播下，这种施肥方式会使种子与肥料直接接触，容易发生烧种烧苗，导致出苗率低，因此已经逐渐被淘汰。施肥位置和施肥方式不同，作物对肥料的吸收利用率也不同。采用合理的施肥方式，可以提高肥料利用率，减少肥料投入量。不合理的施肥方式，如大量施肥、种肥相对位置不合理等，都会造成肥料不能被作物充分吸收，不仅是一种浪费，还会造成土壤和环境污染。近年来，由于施用化肥造成的土壤硬化、环境污染等问题越来越引起人们的重视。

对于小麦种肥同播机械，目前生产中主要使用的种肥施肥方式，根据种床条件的不同可以分为两种。一种是在北方地区旱田环境下使用的小麦施肥播种机，以播种同步侧深施肥为主，播种机在播种的同时进行条施肥作业，肥料深施在种行一侧一定深度的位置，种子与肥料之间有合适的间隔距离。另一种是在南方稻麦轮作区的稻田环境下使用的施肥播种机，通常为具有旋耕灭茬、施肥、播种等功能的复式作业机具。南方稻麦轮作区小麦播种时，土壤黏重、土壤含水率高、秸秆还田等因素导致开沟器易壅堵，深施肥难度较大。所以，这类机具作业时，肥料通常是由排肥部件直接撒在旋耕部件前方的地表，由旋耕灭茬部件将肥料与土壤混合搅拌，然后再开沟播种。

对于玉米种肥同播机械，目前生产中主要使用的是玉米穴播同步侧位条施肥机具。播种机在种子穴播的同时进行条施肥作业，肥料深施在种行一侧一定深度的位置，种子与肥料之间有合适的间隔距离。

相关试验结果表明，精准定位深施肥可以提高肥料利用率，减少化肥投入量。对于条播作物小麦，正位深施肥方式与侧位深施和撒施相比，可以提高肥料利用率。正位施肥指的是肥料施在种子行的正下方，通过一定厚度的土壤隔离层将种子与肥料隔开。正位施肥方式需要先开深沟施肥，覆盖一定厚度的土壤后再进行播种。正位深施方式需要确保种子与肥料之间有厚度稳定的土壤隔离层，以避免烧苗。

对于穴播作物玉米，正位对穴深施肥方式与侧位条施相比，可以提高肥料利用率。正位对穴深施肥指的是肥料成穴，位于玉米穴正下方，种子穴与肥料穴一一对应，种肥之间有一定厚度的土壤隔离层将种子与肥料隔开。

小麦玉米播种同步定位深施肥机械化技术包括稻麦轮作区小麦播种同步正位深施肥机械化技术和玉米穴播同步正位穴施肥机械化技术两部分内容。对应的机具装备包括旋耕播种施肥喷药联合作业机和玉米正位穴施肥播种机。

一、技术要点

（一）稻麦轮作区小麦播种同步正位深施肥机械化技术

稻麦轮作区小麦播种同步正位深施肥机械化技术装备（图2-3）具有旋耕灭茬、开沟施肥、开排水沟、种床平整压实、播种、镇压、喷施除草剂等功能部件，只需一次下地作业即可完成耕整地、播种施肥、喷施除草剂等多项工作，解决了南方稻麦轮作区小麦播种同步深施肥难题。

图2-3 小麦播种同步正位深施肥机械化技术装备

针对稻茬田黏重土壤和秸秆在开沟器前易壅堵的问题，创新设计了强制清堵机构（图2-4），将施肥开沟器前的壅堵物及时清除，确保播种机顺利工作。缩短旋耕机与开沟器的距离，让旋耕机弯刀外侧弯曲刀刃部分靠近开沟器，旋耕机在旋转过程中可以直接将开沟器前部堆积物清除。在每个开沟器一侧的

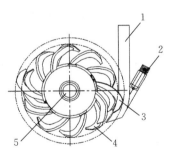

图2-4 强制清堵机构示意图

1. 施肥开沟器 2. 输肥管

3. 清堵直刀 4. 旋耕弯刀

5. 旋耕机

旋耕刀轴上装一把直刀，直刀紧贴开沟器侧面，在旋耕机旋转的过程中由直刀将开沟器这一侧的杂草或黏土清除掉。直刀开有单边刃口，刃口侧靠近开沟器侧面，容易清除堆积物。

装备采用深度可调的正位施肥机构进行肥料定位，使肥料位于种行正下方一定深度的位置；采用锥形螺旋机构对种床进行整理，将中间开排水沟时抛出的土壤往两侧摊平；采用电机驱动的排种排肥系统和防堵塞监测报警系统进行施肥播种；采用喷杆喷雾系统进行除草剂均匀喷施。

装备主要技术参数如下：配套动力为 55 kW 以上四轮拖拉机；行数为 10 行；作业幅宽为 2.3 m；生产率为 $0.27 \sim 0.53 \ hm^2/h$。

该技术适合在水稻收获后的稻板田中播种小麦，水稻收获时宜将秸秆切碎成 10 cm 以内的小段均匀铺洒在地表，肥料宜采用颗粒状的复合肥，土壤水分条件应适合小麦出苗生长。

（二）玉米穴播同步正位穴施肥机械化技术

玉米穴播同步正位穴施肥机械化技术装备具有免耕播种、正位穴施肥功能。其中穴施排肥器是其核心部件，穴施排肥器结构如图 2-5 和图 2-6 所示。排肥器主要由外壳、轴、盛肥盘、隔板、勺轮、肥箱座等部分组成。其中，勺轮上沿圆周布置 9 把勺子，可以

图 2-5 排肥器机构示意图

将一定量的肥料从整堆肥料中取出。盛肥盘沿外圆周设计 9 个空腔，将勺轮取出的每一勺肥料分别运输到外壳下方的排肥口，将肥料排出。盛肥盘、隔板、勺轮依次紧贴安装，隔板固

定在外壳上不动，盛肥盘与勺轮随轴一起同步转动，勺轮的每一个勺子与盛肥盘的空腔位置一一对应。排肥器工作时，肥箱座上安装有肥箱，肥料充满肥箱座和外壳形成的空腔的下半部分。勺轮绕轴做逆时针旋转，位于下半部分的勺子在肥料中运动的同时，勺子内充满肥料。充满肥料的勺子往上运动时紧贴隔板，肥料被封闭在勺子内。当勺子运动到隔板的窗口处，肥料颗粒在重力作用下沿勺子向下倾斜的面滑入盛肥盘的空腔。肥料在盛肥盘的空腔内继续运动，在到达下部的排肥口之前，盛肥盘内的肥料在盛肥盘、隔板和外壳之间形成的密封空间内随盛肥盘转动。转到下方时，盛肥盘的空腔与外壳的排肥口连通，肥料在重力作用下从排肥口处掉落到土壤中，形成肥料穴。改变勺子的容量和盛肥盘空腔的大小可以改变每穴的施肥量。

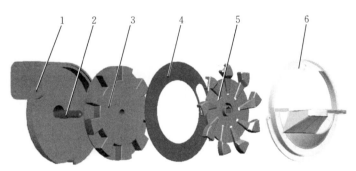

图 2-6　排肥器结构分解示意图

1. 外壳　2. 轴　3. 盛肥盘　4. 隔板　5. 勺轮　6. 肥箱座

装备主要技术参数如下：配套动力为 8.82 kW 以上轮式拖拉机；行数为 3 行；作业幅宽为 1.6～2.0 m；生产率为大于 0.2 hm²/h。

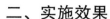

二、实施效果

对两种技术装备性能测试结果表明：小麦正位施肥播种机施肥深度可以根据需要调节，施肥深度稳定；开沟器前部秸秆及黏土可以及时清除，无壅堵，机具作业顺畅；装备可一次完成开沟、旋耕灭茬、深施肥、播种、喷除草剂等工作，作业效率高，作业质量符合相关行业标准规定。玉米正位穴施肥播种机肥料成穴，肥穴位于种穴正下方；施肥深度可根据需要调节；机具作业顺畅，作业质量符合相关行业标准规定。

著写人员与单位

袁文胜
农业农村部南京农业机械化研究所

第四节　水肥一体化设施及其使用技术

一、固体肥料溶解混施施肥机原理

（一）机械结构设计

1. 加肥机构设计

为精确控制固体肥料添加量，设计了加肥机构，其结构如图 2-7 所示。加肥机构主要由 6 部分组成，其工作原理为：首先将固体肥料加入料斗，料斗中的肥料通过进料管落入料筒，电机带动料筒中的螺杆转动，肥料在螺杆转动的推动下从出料板侧下落。由于螺杆转动一周推落的肥料量是固定的（即为一节螺杆与料筒的空隙部分体积），所以只要控制电机转速，即可实现精确加肥。

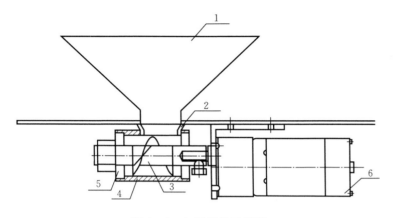

图 2-7　加肥机构示意图

1.料斗　2.进料管　3.螺杆　4.料筒　5.出料板　6.电机

2. 混施装置整体设计

基于上述加肥机构，设计了溶解混施水肥一体化装置，装置主要由 8 个部件组成，其工作原理如图 2-8 所示。工作时，将固体肥料添入加肥装置中，肥料均匀地落入滤网桶中，滤网桶收集尚未溶于水的肥料和肥料中不可溶杂质；直流水泵从水源处抽水注入混肥桶，进水管安装在混肥桶外壁，进水可切向冲击混肥桶中的肥液，推动肥液旋转，加速混肥桶中固体肥料的溶解；当混肥桶中的肥液上升到出口管位置时，肥液从出口管中流出；流量传感器用于检测装置的进口流量；装置工作完成后，混肥桶中残余肥液从排污管排出。

(二) 控制系统设计

为了实时检测与调节混施装置的施肥参数，简化操作程

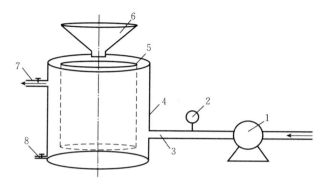

图 2-8　混施装置工作原理图

1. 直流水泵　2. 流量传感器　3. 进水管　4. 混肥桶

5. 滤网桶　6. 加肥装置　7. 出口管　8. 排污管

序，实现装置的智能控制，将各类电器元件应用于装置中，其系统结构框图如图 2-9 所示，主要包括信号检测模块，驱动控制模块和太阳能补电模块。

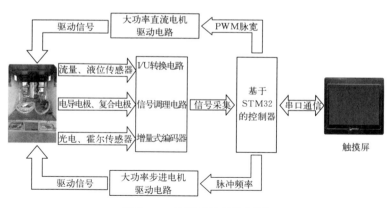

图 2-9　控制系统结构框图

1. 信号检测模块

信号检测模块原理框图如图 2-10 所示，流量与液位传感器输出电流信号，经过采样电阻将电流信号转化为电压信号，经过放大限幅电路得到相应的流量与液位信号；将 PWM（脉冲宽度调制）波加载到电导电极，并经过施密特触发器产生矩形波，再经过反相放大绝对值电路，得到相应的 EC 值（可溶性盐浓度）信号；复合电极与肥液接触后经高输入阻抗运放电路和反向放大电路得到相应的 pH（酸碱度）信号；直流与步进电机上的光电及霍尔传感器在运行时产生的周期性信号等送入单片机进行信号采集。

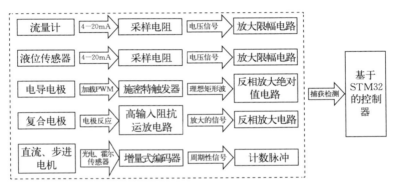

图 2-10 信号检测原理图

为实时监测与调节出口肥液浓度，采用如图 2-11 所示电导电极和图 2-12 所示复合电极分别测量肥液 EC 值和 pH，综合肥液的 EC 值和 pH 得出肥液的浓度。

由 RC 振荡器和二进制分频器组合输出 PWM，经过施密特触发器获得矩形脉冲，将其加载到电导电极上，经过反相放大及绝对值电路处理后，送入单片机检测，为提高检测精度，将电导电极的测量范围按量程进行分段，对每个分段量程配置相应的电路参数和激励信号，同时采用温度传感器反

图 2 - 11　电导电极　　　　　图 2 - 12　复合电极

馈肥液温度，修正因温度改变引起的测量误差，EC 值检测电路如图 2 - 13 所示。

为检测出口肥液 pH，设计了 pH 检测电路，由高输入阻抗运算放大器将复合电极产生的微弱信号放大，经过反相放大处理后，送入单片机检测，pH 检测电路如图 2 - 14 所示。

2. 驱动模块

驱动控制原理框图如图 2 - 15 所示，由单片机产生的 PWM 脉宽、脉冲频率、开关信号等经过基于 MOSFET（金属一氧化物半导体场效应晶体馆）的全桥式驱动电路、基于 TB6560 的驱动电路、光电耦合隔离、继电器产生的放大驱动信号带动大功率直流电机、步进电机、电磁阀和搅拌电机等执行机构。

为检测与调节装置的进水流量，设计了流量检测电路，通过对直流水泵功率的调节控制进口流量的变化，选用 LW-GYG 流量变送器，为方便检测传感器输出的电流信号和提高信号检测的精度，使用采样电阻将电流信号转换成电压信号，用 LM358 运算放大器搭建放大电路，将电压信号放大 20 倍，并用双二极管将输出信号电压调节到检测范围内，起

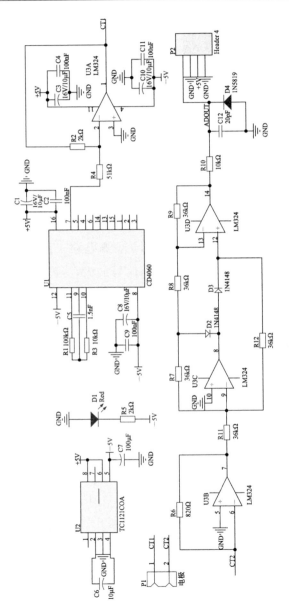

图2-13 EC值检测电路图

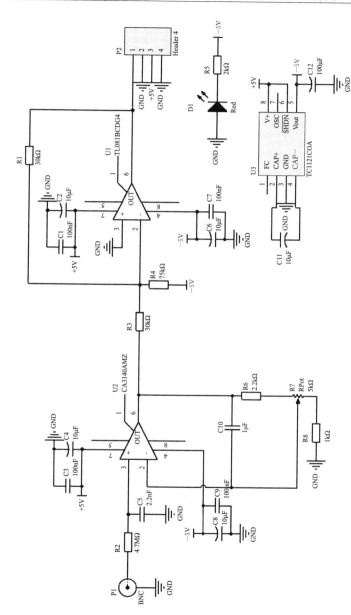

图2-14 pH检测电路图

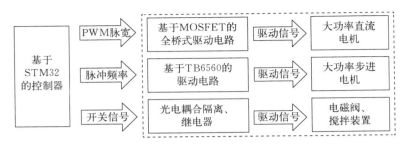

图 2 - 15 驱动控制原理图

到保护作用，且对零点漂移做了预防处理。电流信号检测电路如图 2 - 16 所示，直流水泵驱动电路如图 2 - 17 所示。

为精确调控装置的加肥速度，设计出加肥电机的控制电路，采用 TB6560 驱动芯片，内置双全桥 MOSFET 驱动、温度保护及过流保护，其输入端可与单片机直接相连，方便实现单片机控制，工作时，改变输入端的逻辑电平，即可实现电机的正转与反转；本设计采用脉冲频率对步进电机进行调速，由单片机输出不同频率的脉冲信号到 TB6560 前端，增强驱动能力后，由 TB6560 后端输出到步进电机，精准控制肥料的添加量，本步进电机额定转速 100 r/min，此时肥料添加量为 206 kg/h，调速过程中，脉宽频率与肥料添加量成正比，步进电机驱动电路图如图 2 - 18 所示。

3. 太阳能补电模块

为延长溶解混施水肥一体化装置的续航时间，在控制系统中加入了太阳能补电系统，它由太阳能电池板、MPPT（最大功率点追踪控制太阳能控制器）和蓄电池组成，系统采用铅蓄电池供电，太阳能电池板经过 MPPT 将产生的电能储存在蓄电池中，保证充足电量。设计 DC - DC 转换电路，输出稳定电

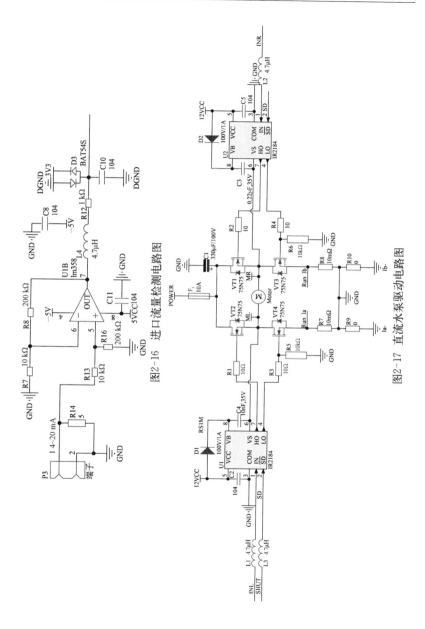

图2-16 进口流量检测电路图

图2-17 直流水泵驱动电路图

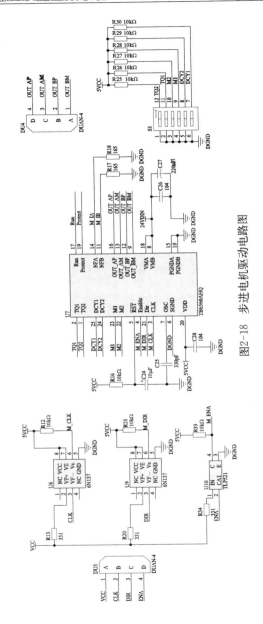

图2-18 步进电机驱动电路图

压，解决控制系统中其他模块的供电需求，保证系统稳定工作。太阳能补电原理示意图如图 2-19 所示。

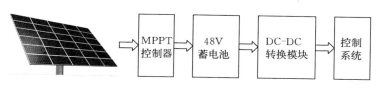

图 2-19 电源结构框图

　　基于以上机械设计和控制系统设计，制造了如图 2-20 所示的混施装置样机，装置将固体肥料应用到水肥一体化中，可以实现溶解、混合、施肥等操作的同时进行，相比于施用液体肥料的装置，大大降低了成本；控制系统的加入，保证了装置各部分参数的实时监测与精确调节；混施装置整体安装在电动三轮车上，装置可在田间自由移动，装置所有耗能均由电动车的蓄电池提供，节能环保且大大降低了装置的整体质量，太阳能补电模块的存在大大延长了装置的续航时间。

图 2-20 混施装置样机

二、产品操作方法

混施装置的参数读取、设置和调节均集中在显示屏上，使用触摸屏控制面板控制系统的启停、运行及系统工作参数的设定，并显示相关数据、曲线及运行状态，其中指示灯可显示设备正常运行，蜂鸣器可起到报警作用。

图2-21中，（a）为控制系统主界面，用户根据需肥要求，进行进水量设置和施肥量设置，用户可在屏幕右侧选择自动或手动调节。设置完成后进入（b）界面，为参数反馈界面，反馈的各部分参数如图所示，便于用户掌握施肥机的工作状况和累计施肥量。用户还可在工作过程中选择手动操作选项，即进入（c）界面，在此界面，用户可根据自己的需求对装置的进口流量及加肥速度进行手动调节。（d）界面为浓度曲线观察界面，用户可以选择在此实时观测装置出口肥液的 EC 值曲线和 pH 曲线，同时，装置对各部分参数的自动调节（自动调整

江苏大学
JIANGSU UNIVERSITY
溶解混施水肥一体化装置

水量设置：10.00 m³

肥量设置：50.00 kg

自动模式
手动模式

（a）

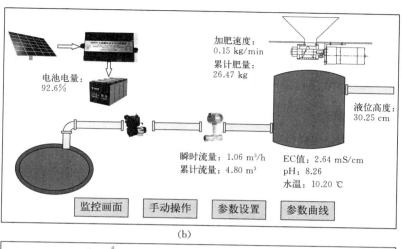

(b)

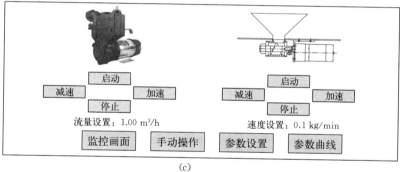

(c)

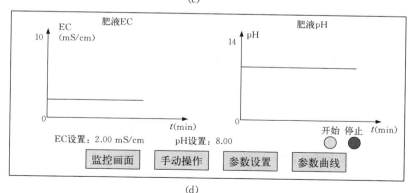

(d)

图 2-21　显示屏显示画面

进口流量和加肥速度，确保出口肥液浓度的均匀）亦可在此界面得到显示。

三、适宜区域

使用沟灌或渠灌的大田作物，田间机耕道可供电动三轮车移动；田间相对平整，以免装置混肥桶倾斜太多而出不了肥液；固体肥料必须是水溶性肥料且溶解速度较快；需要相对清洁的水源或加装前端过滤装置，以防异物堵塞装置及对水的 pH 和 EC 值产生太大影响。

四、注意事项

1. 操作注意事项

注意部位	注意事项
控制板	需防水，以免电器元件烧坏
显示屏	防止尖锐物体触碰产生划痕
加肥装置	肥料填入加肥装置即可，禁止用手或其他物体进行拨弄
太阳能板	防止磕碰
电路	如果出现故障，禁止自行查看，以防触电

2. 直流泵加水

如果直流泵抽不上水，打开泵的加水口观察水位，确保水位才能保证泵实现自吸功能。

3. 加肥装置

保持干燥，以防肥料受潮黏在内壁影响加肥。

4. 停止作业后

（1）停止作业后，打开混肥桶下方的排污口，以便桶内剩余肥液全部排出，请注意残余肥液的处理。

（2）肥液排出后取出滤网桶，处理滤网桶内残留物，并清洗滤网及混肥桶。

（3）加肥装置内的残余肥料清洗干净，以免腐蚀装置。

（4）管路系统残留的肥液应充分清洗，确认滤网桶是否有损伤，防止下一次使用时出现不便。

五、存放及保管要领

1. 注意事项

（1）为防止装置冻结，在寒冷地区使用完后一定要将肥液排出。

（2）请在室内不会冻结的地方保管。

（3）如果冻结了，请在机器的缸体处倾倒开水，使其慢慢化冰，但要注意不要让水碰到各类电器元件。

2. 长期保管

（1）排出直流泵加水口中的水。

（2）断开电源电极。

（3）向需要润滑的各个部位注入润滑油。

（4）检查混施装置的各个部件，紧固松动部位，更换损坏部件和维修管路的泄漏部位。

（5）清洗混施装置的各个部分，确保各阀门和管路都没有肥料残留，将混肥桶中的残留物彻底排放。装置清洗结束后，放空混肥桶中的水，不启动加肥装置，让混施装置再运行 5 min后水泵再空转 2 min，使混施装置中的水、肥尽可能排净。

（6）混施装置晾干后，应拭除生锈部位，并对碰损和划伤的部位进行补漆。将混施装置金属零部件表面涂上薄薄的一层防锈油，但要避免将防锈油涂抹到电器元件上。可将混施装置用防水油布盖上。

（7）冬季应在系统管路和水泵内填充防冻液，以避免各部件被冻裂。向混肥桶中加入 150 L 防冻混合液，包括 1/3 的防冻剂和 2/3 的水。启动装置，使防冻混合液充满整个混施装置。

（8）将机器存放在阴凉、干燥、通风的机库内。应避免有腐蚀性的化学物品靠近机器，并且机具要远离火源。

著写人员与单位

李红，陈超，汤攀，张志洋，夏华猛

江苏大学

第五节　冬小麦—夏玉米按需补灌
水肥一体化技术

冬小麦—夏玉米按需补灌水肥一体化技术是王东教授带领团队研发的一项作物绿色高效生产水肥精准调控技术。该技术充分利用土壤贮水和自然降水，发挥水肥耦合效应，显著提高水分和肥料利用效率，大幅减少灌溉水和肥料投入，有效解决生产中水肥浪费严重的问题，而且与大田微灌和水肥一体化设施有机融合，填补了传统生产模式中水肥机械化管理的空白。按需补灌以冬小麦—夏玉米周年高产高效需水进程为依据，根据播前底墒和作物生长季各生育阶段的有效降水量确定关键生育时期的水分亏缺程度，通过精确灌溉补足作物依靠自身适应

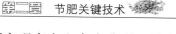

能力维持高产的最低需水量，从而实现高产和高水分利用效率的目标。水肥一体化技术则是在按需补灌的基础上，依据冬小麦—夏玉米周年高产高效的需肥规律及水肥耦合关系，在补灌水的同时，按一定比例随水施入氮、钾等水溶性肥料的技术。

该技术已连续多年在河北衡水、河南新乡、安徽淮南、江苏徐州及山东德州、淄博、泰安、济宁、枣庄、临沂、潍坊、烟台等地大面积示范和推广应用。多年多点生产实践证明，该技术与传统水肥管理模式相比，省工60%以上，减少灌溉用水量35%～60%，水分利用效率提高20%以上，肥料投入减少15%～20%，增产幅度达10%左右。

一、技术要点

（一）按需补灌

参照本书第一章第四节的技术要点实施。

（二）水肥一体化管理

1. 小麦季

（1）分类施肥 氮磷钾肥的施用时期和数量根据土壤质地、耕层主要养分含量和小麦目标产量确定。耕层主要养分含量分级见表2-2。不同土壤质地、耕层养分级别和目标产量麦田的施肥方案如表2-3所示。

表2-2 麦田耕层养分含量分级表

养分级别	有机质含量 （g/kg）	全氮含量 （g/kg）	碱解氮含量 （mg/kg）	有效磷含量 （mg/kg）	速效钾含量 （mg/kg）
Ⅰ	>20	>1.50	>120	>40	>150
Ⅱ	15～20	1.00～1.50	75～120	20～40	120～150
Ⅲ	10～15	0.75～1.00	45～75	10～20	80～120
Ⅳ	≤10	≤0.75	≤45	≤10	≤80

表2-3 麦田分类施肥表

土壤质地	养分级别	目标产量 (kg/hm²)	N 总量 (kg/hm²)	N B:J:A	P_2O_5 总量 (kg/hm²)	P_2O_5 B:J:A	K_2O 总量 (kg/hm²)	K_2O B:J:A
N、R	I	9 000~10 500	192~240	5:5:0	90~120	10:0:0	90~120	5:5:0
N、R	II	9 000~10 500	240	5:5:0	120~150	10:0:0	120~150	5:5:0
N、R	I	7 500~9 000	150~192	5:5:0	60~90	10:0:0	0~60	0:10:0
N、R	II	7 500~9 000	192~240	5:5:0	90~120	10:0:0	45~90	5:5:0
N、R	III	7 500~9 000	240	5:5:0	120	10:0:0	90~120	5:5:0
S	II	9 000~10 500	240	5:3:2	120~150	5:5:0	120~150	5:3:2
S	II	7 500~9 000	192~240	5:5:0	90~120	5:5:0	90	5:5:0
S	III、IV	7 500~9 000	240	5:5:0	120~150	10:0:0	90~120	5:5:0
S	III	6 000~7 500	192~210	5:5:0	60~90	10:0:0	60~90	10:0:0
S	IV	6 000~7 500	210~240	5:5:0	90~120	10:0:0	90~120	10:0:0

注：N代表黏土、R代表轻壤土、中壤土和重壤土、S代表沙壤土；B：J：A为底肥：拔节肥：开花肥。

（2）**随水追肥** 小麦拔节期和开花期需要追肥的麦田，使用与微灌系统相配套的溶肥和注肥机械，在补灌水的同时，将肥液注入输水管，使其随灌溉水均匀施入田间。如果该时期需要追肥但不需灌水，则需在该时期增灌 10 mm，以随水追肥。

肥液的配制和注肥操作流程依据作物按需补灌水肥一体化管理决策支持系统 http：//www.cropswift.com/提供的方案实施，亦可根据以下步骤依次确定：灌溉单元所需的溶肥次数（n），灌溉单元需注入肥液的体积（V_{tf}，L），单次溶肥推荐氮肥加入量（M_{tfn-c}，kg），单次溶肥推荐钾肥加入量（M_{tfk-c}，kg），灌溉单元适宜的注肥流量（F_{tf}，L/h），推荐开始注肥时间（T_{start}，h，自补灌开始到注肥开始的时间），推荐停止注肥时间（T_{stop}，h，自补灌开始到注肥结束的时间）。

用公式（1）计算出单位面积需追施氮肥量，单位为 kg/hm²：

$$M_{tfn-a} = M_n \times R_{tn} / C_{tfn} \tag{1}$$

式中：

M_n——小麦全生育期单位面积施氮量（kg/hm²）；

R_{tn}——本次追施氮量占全生育期施氮量的比例（%）；

C_{tfn}——本次使用氮肥的含氮量（%）。

用公式（2）计算出单位面积需追施钾肥量，单位为 kg/hm²：

$$M_{tfk-a} = M_k \times R_{tk} / C_{tfk} \tag{2}$$

式中：

M_k——小麦全生育期单位面积施钾量（kg/hm²）；

R_{tk}——本次追施钾量占全生育期施钾量的比例（%）；

C_{tfk}——本次使用钾肥的含钾量（％）。

用公式（3）计算出追施钾肥与追施氮肥的质量比值：

$$R_{k:n}=M_{tfk-a}/M_{tfn-a} \qquad (3)$$

式中：

M_{tfk-a}——单位面积追施钾肥量（kg/hm^2）；

M_{tfn-a}——单位面积追施氮肥量（kg/hm^2）。

用公式（4）计算出所使用钾肥在常温条件下的溶解度与所使用氮肥在常温条件下的溶解度的比值：

$$R_{S-k:n}=S_k/S_n \qquad (4)$$

式中：

S_k——本次使用钾肥在常温条件下的溶解度（kg/L）；

S_n——本次使用氮肥在常温条件下的溶解度（kg/L）。

当 $R_{k:n}\leqslant1$ 且 $R_{S-k:n}\leqslant R_{k:n}$，或 $R_{k:n}\geqslant1$ 且 $R_{S-k:n}\geqslant R_{k:n}$ 时，用公式（5）计算出灌溉单元需注入肥液的体积，单位为 L：

$$V_{tf}=M_{tfk-a}\times A_t/(C_{lf}\times S_k\times 10\ 000) \qquad (5)$$

式中：

M_{tfk-a}——单位面积追施钾肥量（kg/hm^2）；

A_t——灌溉单元的面积（m^2）；

C_{lf}——肥液浓度调整系数，取值范围为 $0.01\leqslant C_{lf}\leqslant 0.80$，推荐值为 $0.5\leqslant C_{lf}\leqslant 0.8$；

S_k——本次使用钾肥在常温条件下的溶解度（kg/L）。

注：当 $V_{tf}\leqslant V_{bucket}$ 时，灌溉单元所需的溶肥次数 $n=1$，单次溶肥推荐加水量 $V_r=V_{tf}$。

用公式（6）计算出单次溶肥推荐钾肥加入量，单位为 kg：

$$M_{tfk-c}=V_r\times C_{lf}\times S_k \qquad (6)$$

式中：

V_r——单次溶肥推荐加水量（L）；

C_{lf}——肥液浓度调整系数，取值范围为 $0.01 \leqslant C_{lf} \leqslant 0.80$，

推荐值为 $0.5 \leqslant C_{lf} \leqslant 0.8$；

S_k——本次使用钾肥在常温条件下的溶解度（kg/L）。

用公式（7）计算出单次溶肥推荐氮肥加入量，单位为 kg：

$$M_{tfn-c} = M_{tfk-c}/R_{k：n} \tag{7}$$

式中：

M_{tfk-c}——单次溶肥推荐钾肥加入量（kg）；

$R_{k：n}$——本次追施钾肥与追施氮肥的质量比值。

当 $V_{tf} > V_{bucket}$ 时，用公式（8）计算出灌溉单元需注入肥液的体积与单次溶肥的最大加水量的体积比值：

$$R_{v：v} = V_{tf}/V_{bucket} \tag{8}$$

式中：

V_{tf}——灌溉单元需注入肥液的体积（L）；

V_{bucket}——溶肥桶的最大加水量（L）。

注：如果 $R_{v：v}$ 为整数，则灌溉单元所需的溶肥次数 $n = R_{v：v}$；如果 $R_{v：v}$ 为非整数，则灌溉单元所需的溶肥次数 n 为 $R_{v：v}$ 的整数部分 +1。

用公式（9）计算出单次溶肥推荐加水量，单位为 L：

$$V_r = V_{tf}/n \tag{9}$$

式中：

V_{tf}——灌溉单元需注入肥液的体积（L）；

n——灌溉单元所需的溶肥次数。

用公式（10）计算出单次溶肥推荐钾肥加入量，单位为 kg：

$$M_{tfk-c} = V_r \times C_{lf} \times S_k \qquad (10)$$

式中：

V_r——单次溶肥推荐加水量（L）；

C_{lf}——肥液浓度调整系数，取值范围为 $0.01 \leqslant C_{lf} \leqslant 0.80$，

推荐值为 $0.5 \leqslant C_{lf} \leqslant 0.8$；

S_k——本次使用钾肥在常温条件下的溶解度（kg/L）。

用公式（11）计算出单次溶肥推荐氮肥加入量，单位为 kg：

$$M_{tfn-c} = M_{tfk-c} / R_{k:n} \qquad (11)$$

式中：

M_{tfk-c}——单次溶肥推荐钾肥加入量（kg）；

$R_{k:n}$——本次追施钾肥与追施氮肥的质量比值。

当 $R_{k:n} \leqslant 1$，且 $R_{S-k:n} > R_{k:n}$，或 $R_{k:n} \geqslant 1$，且 $R_{S-k:n} < R_{k:n}$ 时，用公式（12）计算出灌溉单元需注入肥液的体积，单位为 L：

$$V_{tf} = M_{tfn-a} \times A_t / (C_{lf} \times S_n \times 10\,000) \qquad (12)$$

式中：

M_{tfn-a}——单位面积追施氮肥量（kg/hm²）；

A_t——灌溉单元的面积（m²）；

C_{lf}——肥液浓度调整系数，取值范围为 $0.01 \leqslant C_{lf} \leqslant 0.80$，推荐值为 $0.5 \leqslant C_{lf} \leqslant 0.8$；

S_n——本次使用氮肥在常温条件下的溶解度（kg/L）。

注：当 $V_{tf} \leqslant V_{bucket}$ 时，灌溉单元所需的溶肥次数 $n=1$，单次溶肥推荐加水量 $V_r = V_{tf}$。

用公式（13）计算出单次溶肥推荐氮肥加入量，单位为 kg：

$$M_{tfn-c} = V_r \times C_{lf} \times S_n \qquad (13)$$

式中：

V_r——单次溶肥推荐加水量（L）；

C_{lf}——肥液浓度调整系数，取值范围为 $0.01 \leqslant C_{lf} \leqslant 0.80$，

推荐值为 $0.5 \leqslant C_{lf} \leqslant 0.8$；

S_n——本次使用氮肥在常温条件下的溶解度（kg/L）。

用公式（14）计算出单次溶肥推荐钾肥加入量，单位为 kg：

$$M_{tfk-c} = M_{tfn-c} \times R_{k:n} \tag{14}$$

式中：

M_{tfn-c}——单次溶肥推荐氮肥加入量（kg）；

$R_{k:n}$——本次追施钾肥与追施氮肥的质量比值。

用公式（15）计算出灌溉单元完成补灌所需要的时间 T_i，单位为 h：

$$T_i = MI \times A_t / (F_i \times 1\,000) \tag{15}$$

式中：

MI——拟补灌水量（mm）；

A_t——灌溉单元的面积（m^2）；

F_i——灌溉水流量（m^3/h）；

用公式（16）计算出推荐开始注肥时间 T_{start}，单位为灌溉单元补灌开始后 h：

$$T_{start} = T_i / 3 \tag{16}$$

式中：

T_i——灌溉单元完成补灌所需要的时间（h）。

用公式（17）计算出推荐停止注肥时间 T_{stop}，单位为灌溉单元补灌开始后 h：

$$T_{stop} = T_i \times 2/3 \tag{17}$$

式中：

T_i——灌溉单元完成补灌所需要的时间（h）。

用公式（18）计算出灌溉单元适宜的注肥流量，单位为 L/h：

$$F_{tf}=V_{tf}/(T_{stop}-T_{start})\qquad(18)$$

式中：

V_{tf}——灌溉单元需注入肥液的体积（L）；

T_{start}——推荐开始注肥时间，即自补灌开始到注肥开始的时间（h）；

T_{stop}——推荐停止注肥时间，即自补灌开始到注肥结束的时间（h）。

2. 玉米季

（1）分类施肥　氮磷钾肥的施用数量根据土壤质地、耕层主要养分含量和玉米目标产量确定。耕层主要养分含量分级见表2-2。不同土壤质地、耕层养分级别和目标产量玉米田的施肥方案如表2-4所示。

表2-4　夏玉米田分类施肥表（kg/hm²）

养分级别	目标产量	N 总量	P_2O_5 总量	K_2O 总量
I	13 500～15 000	240～270	120～150	120～150
I	12 000～13 500	192～240	90～120	90～120
I	10 500～12 000	180～192	60～90	60～90
II	10 500～12 000	180～192	90～120	90～120
II	9 000～10 500	150～180	60～90	60～90
III	7 500～9 000	150～180	50～60	50～60
III	6 000～7 500	135～150	40～50	40～50
IV	6 000～7 500	150～180	50～60	50～60

玉米季肥料可选用控释掺混肥和速效氮磷钾肥等。底肥选用控释掺混肥时，80%的氮素、100%的磷素和80%的钾素在

播种期底施，剩余 20％的氮素和钾素于玉米吐丝期随灌溉水追施；追施的氮肥和钾肥可分别选用尿素和氯化钾。底肥选用速效氮磷钾肥时，100％的磷素和钾素、20％的氮素在播种期底施，之后分别于玉米拔节期、大喇叭口期和吐丝期随水追施30％、20％和30％的氮素。

（2）**随水追肥**　玉米拔节期、大喇叭口期和吐丝期需要追肥时，使用与微灌系统相配套的溶肥和注肥机械，在补灌水的同时，将肥液注入输水管，使其随灌溉水均匀施入田间。如果该时期需要追肥但不需灌水，则需在该时期增灌 10 mm，以随水追肥。

肥液的配制和注肥操作流程依据作物按需补灌水肥一体化管理决策支持系统（http：//www.cropswift.com/）提供的方案实施。具体方法与小麦季相同。

著写人员与单位

王东[1]，殷复伟[2]，谷淑波[1]，高瑞杰[3]，鞠正春[3]

[1] 山东农业大学；[2] 泰安市农业技术推广站；[3] 山东省农业技术推广总站

第六节　冬小麦—夏玉米地面灌溉随水施肥技术

一、技术特征

借助田间地面坡度，通过畦灌或沟灌方式，结合首部施肥装置，根据不同作物的需肥规律，土壤环境状况和养分含量状况，将所需可溶性固体或液体肥料配兑成的肥液与灌溉水一起，由田块一端向另一端自流灌施，使整个田间保持相对均匀的水分含量和养分含量，把水分、养分及时有效地提供给作物。

二、技术要点

（一）灌溉方式

分为畦灌和沟灌两种方式，其中畦灌是指在田间筑起田埂，将田块分割成许多狭长地块——畦田，水从输水沟或直接从毛渠放入畦中，畦中水流以薄层水流向前移动，边流边渗，润湿土层，这种灌水方法称为畦灌。沟灌是指在作物行间开挖灌水沟，灌溉水由输水沟或毛渠进入灌水沟后，在流动的过程中，主要借土壤毛细管作用从沟底和沟壁向周围渗透而湿润土壤，这种灌水方法称为沟灌。

（二）基本要求

1. 水源水质要求

水量充足的、清洁、无污染的地下水、河水、湖泊水等水源，灌溉水质量应符合 GB 5084—2005 的要求。

2. 供试肥料要求

溶解性好、杂质较少，溶解于一起后，肥料之间短时间不会产生明显沉淀的单质肥料。其中供试氮肥以尿素为宜。

3. 施肥量要求

每季以当地测土配方所推荐的施肥用量为基础，减少10%～15%的肥料用量。

4. 灌水单元规格要求

为保证灌溉施肥的均匀度，畦田宽度不宜超过 3 m，一个灌水单元畦田长度不宜大于 35 m；沟垄种植灌水沟间距应与作物行距和田间开沟起垄标准化和机械化作业相协调，以 1 m 为宜，沟宽 20 cm，一个灌水单元垄沟长度质地较轻的土壤不宜大于 60 m。

5. 整地要求

要求灌水单元内地面沿灌水方向无明显起伏，其中畦灌的适宜地面坡度一般在 1‰～3‰；沟灌的适宜地面坡度一般在 2‰～5‰。畦田模式地面无秸秆覆盖、垄沟模式灌水沟中无作物秸秆堆积物。

6. 畦灌水肥管理

（1）入畦单宽流量 最佳宜控制在 2～3 L/(s·m)。

（2）灌水施肥时期 根据关键生育期土壤墒情和作物需肥规律确定灌水施肥时期。小麦水肥一体化重在拔节期、玉米重在苗期和大喇叭口期施用，具体时间可根据土壤墒情综合确定。如果墒情适宜，不需要灌水，则可采用常规施肥方法进行。

（3）灌水定额 每次控制在 75 mm 左右。

（4）灌水时间 根据灌水定额、畦长、畦宽和入畦单宽流量计算。

（5）加肥方式 氮肥施用宜采取恒浓度连续加肥方式，钾肥施用采取间隔加肥方式（一个灌水单元中宜通过施肥器加肥4次）。

7. 沟灌水肥管理

（1）入沟流量 宜控制在 0.2～2.0 L/s。

（2）**灌水施肥时期** 根据关键生育期土壤墒情确定灌水施肥时期。小麦水肥一体化重在拔节期、玉米重在苗期和大喇叭口期施用，具体时间可根据降雨情况综合确定。如果墒情适宜，不需要灌水，则可采用常规施肥方法进行。

（3）**灌水定额** 宜控制在 45 mm 左右。

（4）**灌水时间** 根据灌水定额、沟长、沟宽和入沟流量计算。

（5）**施肥量** 采用当地测土配方施肥推荐用量为基础，减少 10%～15% 的肥料用量。

（6）**加肥方式** 氮肥施用宜采取恒浓度连续加肥方式，钾肥施用采取间隔加肥方式（一个灌水单元中宜通过施肥器加肥 4 次）。

（三）配套灌溉设施

需要水闸、提灌设备、泵站等渠灌水源工程设施，过滤器、比例施肥器、量测和控制设备等首部设施；最好配套有田间末端输配水工程如输配水管道、控制阀门及流量量测设备。

三、应用效果

通过大田示范验证，与大水漫灌相比，畦灌水肥一体化方法可节约灌溉水 10%～20%，沟灌可节约灌溉水 20%～30%，节约化肥 10%～15%。

四、应用条件

黄淮流域，有井灌条件的轻质土壤区。

参考文献

中华人民共和国国家质量监督检验检疫总局，中国国家标准化管理委员会，
　2005．农田灌溉水质标准：GB 5084—2005．北京：中国标准出版社．

著写人员与单位

韩燕来[1]，汪强[1]，潘红卫[2]，李青松[1]，毕庆生[1]
[1] 河南农业大学；[2] 华北水利水电大学

第七节　麦田稻秸全量深埋还田地力培肥技术

　　当今世界上普遍重视将秸秆还田作为一项重要的农艺措施推广应用，前人研究明确秸秆还田具有培肥地力、提升土壤质量、降低化学肥料施用水平的增产效应，但现阶段因秸秆未腐熟还田，加之还田数量偏高、还田方式不当，对当季作物生产特别是幼苗生长发育存在一定的负面效应，影响秸秆还田技术的推广应用。

一、麦田稻秸全量深埋还田对小麦产量与群体质量的影响

　　研究表明，稻秸直接还田 1～3 年的产量低于不还田处理，减产的主要原因是降低了穗数。秸秆还田 4～7 年处理的籽粒产量高于不还田处理，主要是由于秸秆还田增加了千粒重和穗

粒数，弥补了因穗数降低造成的产量损失。相同施氮量不同氮肥运筹，基肥∶分蘖肥∶拔节肥∶孕穗肥以 5∶1∶2∶2 氮肥运筹的籽粒产量高于 3∶1∶3∶3 氮肥运筹和7∶1∶2∶0 氮肥运筹。秸秆还田对小麦籽粒品质有一定的调节效应，稻秸全量还田增加了小麦籽粒蛋白质含量、籽粒硬度。秸秆还田后，小麦籽粒湿面筋含量、沉降值、出粉率均有所下降，随着还田年限的增加，小麦籽粒湿面筋含量、沉降值、出粉率逐渐增加。

稻秸还田会影响小麦幼苗的生长，造成麦苗弱小、生长缓慢、茎蘖数降低。随着还田年限的增加，土壤养分供应能力逐渐上升，秸秆还田的不利影响也逐渐减小，但不会消除。随着稻秸还田年限的增加，小麦群体茎蘖数、LAI（叶面积指数）、干物质积累量均逐渐增加。

稻秸还田后，土壤硝态氮、铵态氮、速效磷、速效钾含量在小麦生长季内变化动态与稻秸不还田相比有差异，且因追肥而变幅较大。小麦播种后由于秸秆降解过程中微生物固定土壤中的氮素，导致各层次土壤硝态氮和铵态氮含量降低，影响小麦苗期生长发育。随着小麦生育进程的推移，秸秆由降解期逐渐进入释氮期，生育中后期特别是抽穗开花期之后秸秆还田处理的各层次土壤硝态氮和铵态氮含量升高，为小麦植株生育中后期氮素的吸收积累提供了良好的养分供应。稻秸还田提高了土壤耕层硝态氮、铵态氮、速效磷、速效钾、有机质含量，且随着还田年限的增加，各层次土壤铵态氮、速效磷、速效钾、有机质含量逐渐增加，说明持续稻秸全量还田有利于提高土壤肥力水平。

稻秸全量还田有利于提高小麦花后剑叶 SPAD（植物叶绿

素的相对含量）和净光合速率，且随还田年限的增加，效应升高，这可能是由于随着还田年限的增加，秸秆腐解后释放的氮素为小麦中后期生长提供了比较充足的氮素，延缓了植株的衰老。氮肥运筹 5：1：2：2 和 3：1：3：3 处理的剑叶 SPAD 值和净光合速率高于 7：1：2：0 处理。稻秸还田条件下，在小麦生育期间氮肥运筹既要适当增加基苗肥用量以利壮苗早发，又要合理使用拔节孕穗肥有利于延缓植株的衰老，提高小麦花后剑叶光合生产能力和籽粒灌浆能力。

稻秸全量还田提高了小麦植株氮素、磷素积累量，提高了小麦营养器官氮素、磷素转移量、转移效率和对籽粒贡献率。秸秆还田条件下采用 5：1：2：2 和 3：1：3：3 氮肥运筹施肥方式更有利于小麦生育期内氮素、磷素的吸收积累。稻秸还田年限的增加，有利于提高小麦营养器官氮素、磷素转移量、转移效率和对籽粒贡献率。说明连续稻秸全量还田有利于提高小麦花后氮素、磷素的吸收、积累和转运，有利于提高小麦产量水平。

二、麦田稻秸全量深埋还田技术方案

包括两个关键环节：稻秸秆原位还田机械与装备、麦季稻秸秆原位机械化全量深埋还田技术。技术要点包括：

（一）造墒收稻

水稻收获前根据天气、土壤质地等条件及时断水，并结合稻田开沟丰产节水，使得水稻收获时土壤墒情适宜，土壤相对持水量保持在 70%～80%，便于收稻后能及时实施稻秸还田。

（二）碎草匀铺

水稻收获时选用合适的收获机械，按要求切碎或粉碎稻秸，碎草长度不宜超过 8 cm，同时在收割机上加装匀草装置，使收获时稻秸能均匀抛撒开；如收获时稻秸在田间分布不均匀，可用专业碎草机械进行碎草匀铺作业，确保田间稻秸抛撒均匀。

（三）深埋还田

田面平整、面积较大的地块，可用大型机械牵引的深耕犁作业，进行深耕（深度 25 cm 以上）埋草；面积中等或较小的地块，推荐使用耕旋一体机作业，进行浅耕（深度 18 cm 以上）与旋田一体化作业，实现稻秸埋田；如条件不满足，可进行深旋作业，要求旋耕深度 12 cm 以上，保证土草混匀，减轻或消除因稻秸分布过浅对小麦幼苗生长的影响。有条件地区推荐增施一定数量的秸秆腐熟剂，加速秸秆腐解利用。

（四）培肥机播

埋草前或播种前在小麦高产要求的基肥用量基础上，增施尿素 112.5 kg/hm²，以弥补稻秸在田间腐熟过程中对氮素的消耗，增加苗期供氮量。根据当地条件采用精量半精量机条播、机械均匀撒播、机械带状条播等方式进行适时（当地的适宜播种期）、适墒（适宜的土壤水分）、适量（以产定穗，以穗定苗，以苗定量，确定适宜的播种量）播种。

（五）适墒镇压

播种时墒情适宜，可在播种后选择小型镇压器进行镇压，确保齐苗、全苗；播种时墒情不适宜，可在冬前（常年 12 月上中旬）、麦苗 3～4 叶时进行镇压，以压实土壤，弥合土缝，保证麦田有适宜的紧实度，降低因秸秆体积过大造成的土壤偏松、漏水透气的影响，降低因低温造成的冻害程度，确保麦苗安全越冬。

著写人员与单位

朱新开，丁锦峰，李春燕

扬州大学

第八节　稻茬麦节氮减肥技术

一、密度、肥料施用量及方式对稻茬小麦产量与氮效率的调控效应

（一）产量

肥料施用量的高低、施用方式及运筹比例对小麦肥料利用效率有显著影响，且存在着与其他栽培措施如播期、密度间的互作效应。试验结果表明，随密度增加，稻茬小麦籽粒产量呈先上升再下降的趋势，以密度 $225 \times 10^4/hm^2$ 处理籽粒产量最高。施氮量增加，籽粒产量呈上升的趋势，以施氮量 $270\ kg/hm^2$ 处理籽粒产量最高。随施氮比例后移，籽粒产量呈先上升再下降的变化趋势，以施氮比例（基肥∶分蘖肥∶拔节肥∶孕穗肥）为 5∶0∶5∶0 处理籽粒产量最高。密肥存在一定的互作效应，体现在不同密度条件下，实现高产的施氮量与氮肥运筹方式不同，反映出密度对氮效率（NUE）和产量有一定的补偿调节作用，适当增加密度可以适当减少氮肥的施用，实现产量水平的提升，但过高密度则会造成群体条件恶化，影响群体生产而

实现不了高产，以密度 $225 \times 10^4 / hm^2$、施氮量 $189\ kg/hm^2$、施氮比例（基肥：分蘗肥：拔节肥：孕穗肥）为 $5：0：5：0$ 处理籽粒产量最高，其次是密度 $225 \times 10^4 / hm^2$、施氮量 $189\ kg/hm^2$、施氮比例（基肥：分蘗肥：拔节肥：孕穗肥）为 $5：1：2：2$ 处理，实现了减氮不减产的目标（表 2-5）。

表 2-5　不同处理籽粒产量及其构成因素比较（2015—2016 年）

处理	籽粒产量 （kg/hm²）	穗数 （×10⁴/hm²）	每穗粒数	千粒重 （g）	收获指数
密度（$\times 10^4 / hm^2$）					
150	7 816.3	420.6	38.6	50.8	0.470
225	7 710.6	456.5	35.7	51.8	0.458
300	7 611.7	452.3	33.2	53.7	0.448
氮肥用量（kg/hm²）					
189.0	7 783.0	453.0	35.6	51.6	0.460
229.5	7 722.2	438.5	36.9	51.6	0.453
270.0	7 677.7	432.6	36.8	52.1	0.474
氮肥运筹（基肥：分蘗肥：拔节肥：孕穗肥）					
10：0：0：0	7 020.0	500.0	30.1	48.8	0.395
5：1：2：2	7 999.2	470.7	36.2	51.2	0.466
5：0：5：0	7 624.8	434.2	37.3	50.1	0.459
3：1：3：3	7 587.6	414.4	36.2	54.0	0.464

注：播期是 2015 年 10 月 25 日。

（二）氮素利用效率

随密度增加，氮肥农学效率（NAE）、氮素生理效率（PE）呈先上升再下降的变化趋势，以密度 $225 \times 10^4 / hm^2$ 处理最高；氮肥偏生产力（PFP）、氮肥吸收利用率（RE）呈上升的变化趋势，而氮收获指数（NHI）呈下降的变化趋势。随施氮量增加，

NAE、PE 呈上升的变化趋势，PFP、RE 和 NHI 呈下降的变化趋势。随施氮比例后移，NAE、PFP、PE 呈先上升再下降的变化趋势，以施氮比例基肥：分蘖肥：拔节肥：孕穗肥为 5：1：2：2 处理最高；RE、NHI 呈上升的变化趋势。密肥存在一定的互作效应，体现在不同密度条件下，实现高氮效率（NUE）的施氮量与氮肥运筹方式不同，且对不同氮效率指标的影响不同，以密度 $225×10^4/hm^2$、施氮量 189 kg/hm² 、施氮比例基肥：分蘖肥：拔节肥：孕穗肥为 5：0：5：0 处理 NAE 最高，为 47.90 kg/kg（图 2 - 22）。

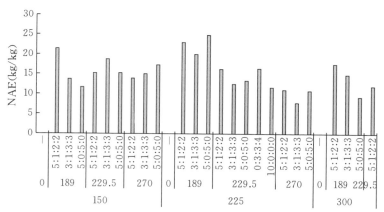

图 2 - 22　不同密肥组合处理 NAE 表现（2015—2016 年）

二、沿淮下游稻茬小麦节肥增产的生理生态机制

（一）改善了群体结构

通过不同措施的合理组合可以发挥措施间的协同效应，实现小麦群体结构的改善，如通过密度、施氮量、氮肥运筹方式

试验表明，随密度增加，茎蘖成穗率和分蘖成穗率呈下降趋势；而花后干物质积累量和群体总结实粒数呈先上升再下降的变化趋势，以密度 $225 \times 10^4/hm^2$ 处理最高。随施氮量增加，各指标间变化趋势不一致，其中茎蘖成穗率呈上升、分蘖成穗率呈下降趋势，群体总结实粒数呈先上升再下降的变化趋势。随施氮比例后移，分蘖成穗率、群体总结实粒数呈先上升再下降的变化趋势，以施氮比例基肥∶分蘖肥∶拔节肥∶孕穗肥为 5∶1∶2∶2 处理最高（表 2-6）。

表 2-6 不同处理部分群体质量指标比较（2015—2016 年）

项目	高峰苗数/穗数	茎蘖成穗率（％）	分蘖成穗率（％）	花后物质积累量（kg/hm²）	总结实粒数（×10⁴/hm²）
密度（×10⁴/hm²）					
150	1.8	55.2	44.2	4 613.3	16 235.2
225	2.2	45.8	30.0	5 000.6	16 297.1
300	2.5	39.4	18.0	4 507.7	15 016.4
氮肥用量（kg/hm²）					
189.0	2.2	46.0	33.1	5 254.8	16 126.8
229.5	2.1	46.9	29.6	4 122.8	16 169.6
270.0	2.0	50.7	27.9	5 026.4	15 919.7
氮肥运筹（基肥∶分蘖肥∶拔节肥∶孕穗肥）					
10∶0∶0∶0	2.6	39.0	26.0	4 504.3	15 050.0
0∶2∶4∶4	2.4	41.4	24.2	3 647.7	15 949.0
5∶1∶2∶2	2.1	48.6	33.0	4 823.3	17 039.3
5∶0∶5∶0	2.0	50.1	32.6	4 038.6	16 195.7
3∶1∶3∶3	2.2	46.0	28.0	5 482.9	15 001.3

相关分析表明，不同群体质量指标与籽粒产量和 NAE 之间存在一定相关性。如本试验条件下，花后干物质积累量、群体总结实粒数和 LAI_{max}（最大叶面积指数）与籽粒产量和 NAE 之间存在显著或极显著的正相关关系，说明通过合理的密度与肥料处理，创造合理、高产的群体结构，可以实现稻茬小麦籽粒产量和 NUE 的同步提升。

（二）调节了养分吸收功能

结果表明，不论何种前茬（水稻或玉米），成熟期小麦植株吸收的氮中，来自土壤的氮占 $55\% \sim 65\%$，来自肥料的氮占 $35\% \sim 45\%$；来自肥料的氮中，基肥氮的吸收比例低于追肥氮的吸收比例，不同前茬条件下表现基本一致。不同前茬间比较，微区间吸氮量差异达显著水平，增施相同量的氮肥，稻茬和玉米茬小麦植株吸氮量的增长量分别为 115.58 mg/plot、142.35 mg/plot；玉米茬相较稻茬，小麦吸收的氮素来源于肥料氮的比例呈增加趋势，表明玉米茬小麦的植株吸氮量高于稻茬小麦，玉米茬更有利于小麦植株吸收肥料氮，提高肥料利用率。

（三）植株累积氮素的转运

小麦籽粒积累的氮素主要来源于开花前营养器官存储氮素的再动员和运转。随密度增加，花后氮同化量呈先上升再下降的变化趋势，以密度 $225 \times 10^4/hm^2$ 处理最高；花后氮运转量呈上升趋势。随施氮量增加，花后氮同化量呈上升趋势，花后氮运转量呈先上升再下降的变化趋势，以施氮量 189 kg/hm^2 处理最高。随施氮比例后移，花后氮同化量呈上升趋势，花后氮运转量呈先上升再下降的变化趋势，以施氮比例基肥：分蘖肥：拔节肥：孕穗肥为 3：1：3：3 处理最高。密肥存在一定的互作效应，体现在不同密度、施氮量和氮肥运筹比例条件下，小麦植株吸氮量不同，且不同生育阶段吸氮量特别是花后氮同化量及运转量也存在较大差异，造成 NUE 和产量的差异。

（四）改善了植株氮代谢关键酶活性

不同栽培措施处理间表明，随施氮量增加，不同生育期植株剑叶谷氨酰胺合成酶（GS）活性呈升高的变化趋势，以施氮量 270 kg/hm² 处理最高。随施氮比例后移，拔节后生育期植株剑叶 GS 活性呈升高的变化趋势，以施氮比例基肥：分蘖肥：拔节肥：孕穗肥为 3：1：3：3 和 0：3：3：4 处理高。

小麦群体花后籽粒谷氨酸合成酶（GOGAT）活性与籽粒 GS 活性变化趋势基本一致，花后 7~14 d 活性较高，花后 14~21 d 活性下降速度最快。方差分析表明，施氮量对小麦花后籽粒 GOGAT 活性差异均达显著水平，但施氮量 240 kg/hm² 与施氮量 300 kg/hm² 处理间，籽粒 GOGAT 活性差异未达显著水平，说明当施氮量为 240 kg/hm² 时，继续增施氮肥，籽粒 GOGAT 活性未能显著得到提高。表明施氮量对籽粒 GOGAT 活性有显著影响，随施氮量增加，籽粒 GOGAT 活性显著提高，但过高并不有利。

三、节肥高效施肥方案

节肥高效施肥方案即根据产量水平和品种类型合理确定施肥量、根据品质要求合理确定施肥比例、根据苗情和逆境特点合理追肥的控氮调磷钾高效施肥技术。产量目标 9 000 kg/hm² 以上，适宜的施氮量为 240～300 kg/hm²（随地力差异而变动）、拔节孕穗肥施用比例在 40％以上，N：P_2O_5：K_2O 建议施用比例为 1：（0.6～0.8）：（0.6～0.8），因当地土壤地力的磷、钾水平调整。推荐使用正位施肥播种同步喷药联合作业技术、智能水肥一体装备作业技术、肥药一体化施用技术等高效施肥技术，提高肥料施用效率，减轻环境污染。

基肥：播种前配合施用氮、磷、钾肥，施用量约占施用总量的 50％左右。推荐配合使用控释肥与缓释肥。推荐种肥机械联合作业技术、正位施肥播种同步喷药联合作业技术等，以提高作业效率与肥料利用效率。

分蘖肥：于 4～5 叶期前后根据小麦苗情宜少量追施，施用量约占施用总量的 10％左右（尿素 45～60 kg/hm²），兼顾捉黄塘促平衡。

拔节肥：在小麦基部第一节间伸长、叶龄余数 3.5 左右时，根据小麦苗情、土壤墒情施肥，要求施 20％左右的氮肥、50％左右的磷、钾；如仅施氮肥，宜在小麦基部第一节间接近定长、叶龄余数 2.5 叶左右施用。推荐智能水肥一体装备作业技术、自走式喷雾施肥一体作业技术等，以提高肥效。

孕穗肥：小麦叶龄余数 0.8～1.2 叶，根据小麦苗情、土壤墒情施 20％左右的氮肥。推荐智能水肥一体装备作业技术、自走式喷雾施肥一体作业技术等，以提高肥效。

根外追肥：根据花后天气与植株生长情况，推荐后期结合病虫防治喷施生长调节剂、尿素或磷酸二氢钾等，对提升籽粒产量有较好的作用，有助于品质改善，并对干热风（高温逼熟）、花后衰老有较好缓解作用。

著写人员与单位

朱新开[1]，易媛[1,2]，丁锦峰[1]，李振宏[3]

[1] 扬州大学；[2] 徐州市农业科学院；[3] 睢宁县农业农村局

第三章 节药关键技术

CHAPTER3

第一节 新型药剂及其使用技术

一、农药新剂型及其使用技术

(一) 30%丙硫菌唑油悬剂

近年来，小麦赤霉病已成为沿淮稻麦区小麦上的最重要病害，该病害不仅导致小麦产量降低，病原菌产生的毒素也严重威胁着食品安全。目前生产上缺乏小麦赤霉病抗病品种，防治仍然依赖化学防治。丙硫菌唑是一种三唑类广谱杀菌剂，对小麦赤霉病具有很好的防治效果，且可兼治白粉病、锈病等多种病害，但其存在一定程度的接触性风险。可分散油悬浮剂（OD）是指一种或几种的有效成分以粒径1~5 μm在油相分散介质中形成稳定的悬浮系统，其在水中的分散效果好，能直接兑水喷雾，也能直接用作超低容量（ULV）喷雾，且具有无粉尘飞散飘移，渗透性、耐雨水冲刷能力好，不使用二甲苯类等含芳烃有机溶剂，与自然环境相容性好等优点，是剂型发展的方向之一。

经油相载体、表面活性剂的筛选和消泡剂等助剂的筛选，及表面活性剂的复配组合与优化，同时调节油悬浮体系的黏度，研制出30%丙硫菌唑油悬浮剂，该产品由安徽久易农业股份有限公司申报登记（受理编号0307171030021335）。

1. 技术要点

油相载体：分别选用油酸甲酯、菜籽油、大豆油、石蜡油、溶剂油等常规有机溶剂，配制30％丙硫菌唑油悬浮体系，经常温、热贮、冷贮后观察体系的分层和结底情况，优选结底少、与丙硫菌唑原药无反应的有机溶剂油酸甲酯作为油相载体。

表面活性剂单体：根据HLB值（表面活性剂的亲水亲油平衡值）相近和结构相似的原理，选用聚氧乙烯/聚氧丙烯嵌段聚合物系列、脂肪醇与环氧乙烷缩合物系列、蓖麻油/氢化蓖麻油与环氧乙烷缩合物系列、失水山梨醇脂肪酸酯系列、聚氧乙烯失水山梨醇脂肪酸酯系列、烷基酚与环氧乙烷缩合物系列、脂肪醇聚氧乙烯醚系列及分散剂十二烷基苯磺酸钠、木质素磺酸钠等表面活性剂，按5％的量加入丙硫菌唑油悬浮体系，考察表面活性剂单体对丙硫菌唑油悬浮体系的乳化和分散效果，并经常温、热贮、冷贮后观察体系的分层和结底情况，优选结底少、与丙硫菌唑原药无反应的表面活性剂，进一步开展表面活性剂复配试验。

表面活性剂组合的复配组合筛选与优化：以优选的表面活性剂单体为基础，以对丙硫菌唑油悬浮体系的乳化性能为初级指标进行表面活性剂的多元复配，优选效果较好的组合进行常温、热贮、冷贮后观察体系的分层和结底情况，优选没有结底，分层不明显的表面活性剂组合。

雾滴配重物质的筛选和优化：选择白炭黑、重钙、高岭土、有机膨润土、硅酸镁铝等开展雾滴配重物质的筛选和优化，同时调节油悬浮体系的黏度。

消泡剂等助剂的筛选和优化：根据以上筛选结果，选择磷酸三丁酯、有机硅消泡剂，利用砂磨机进行油悬浮剂小样制备试验，考察磨制过程中各消泡剂的效果，并进行配方质量指标的检测。

经油相载体的选择、表面活性剂的筛选、表面活性剂的复配组合与优化、消泡剂等助剂的筛选，同时调节油悬浮体系的黏度，优化后的 30％丙硫菌唑悬浮剂的配方为：丙硫菌唑 30.0％，脂肪胺聚氧乙烯醚 4.0％，脂肪醇醚磷酸酯 3.0％，十二烷基苯磺酸钙 3.0％，OP-10（农药乳化剂）4.0％，硅酸镁铝 1.5％，辛醇 1.0％，聚二甲基硅氧烷 0.1％，油酸甲酯补足至 100％。将研制的样品配方进行质量指标的检测，各项指标均符合要求（表 3-1）。

表 3-1　30％丙硫菌唑油悬浮剂样品检测指标及结果

检测指标	结果
丙硫菌唑质量分数	30.6％
pH	6.8
悬浮率	98％
持久起泡性（1 min 后泡沫量/mL）	21
倾倒后残余物	2.1％
洗涤后残余物	0.3％
乳液稳定性	合格
热贮稳定性（54 ℃，14 d）	合格
冷贮稳定性（-4 ℃）	合格

使用方法：推荐剂量有效成分用量 $157.5 \sim 202.5$ g/hm^2，制剂用量 $525 \sim 675$ g/hm^2 药剂兑水喷雾，兑水量 600 L/hm^2，小麦扬花初期开始施药，间隔 $5 \sim 7$ d 第二次施药，共施药 2 次。

2. 技术效果

室内生测结果表明，丙硫菌唑悬浮剂对小麦赤霉病菌菌丝生长具有很强的抑制作用（表 3 - 2），其 EC_{50}（抵制中浓度）为 1.069 6 $\mu g/mL$。

表 3 - 2 丙硫菌唑对小麦赤霉病菌菌丝生长的抑制作用

处理	回归方程	EC_{50}（$\mu g/mL$）（95%置信区）	R 值
丙硫菌唑悬浮剂	$Y=4.935\,5+2.173\,8x$	1.069 6	0.980 9
多菌灵	$Y=6.725\,2+3.884\,2x$	5.188 1	7.876 2

2017 年在安徽省凤台县农业示范园进行防治示范，示范面积 6.67 hm^2，小麦品种为烟农 19。4 月 13 日齐穗期使用 30%丙硫菌唑悬乳剂防治小麦赤霉病，用量 750 g/hm^2，以氰烯菌酯·戊唑醇 900 mL/hm^2 + 30%丙硫菌唑 OD 50 mL，药液量 12 L/hm^2。5 月 12 日小麦灌浆期采取 5 点取样法，每点调查 1 m 行长，按 GB/T 15796—2011 方法调查小麦赤霉病的病穗率和严重度，计算病情指数。从表 3 - 3 可以看出，2017 年小麦赤霉病总体较轻，不防治对照区平均病穗率也仅为 8%，30%丙硫菌唑防治区平均病穗率为 3%，平均病指为 0.71%，平均防效 72.43%，高于对照多菌灵的防效。

2018 年在凤台县朱集镇、桂集镇等进行了万亩示范。在小麦齐穗和盛花期选用新农药 30%丙硫菌唑 OD 进行植保无人机 2 次防治，经多点取样调查，结果见表 3 - 3，示范区小麦赤霉病病情指数为 5.46%，病穗率为 8.6%，小麦赤霉病的病指防效为 81.5%。示范区理论测产公顷穗数 622.5 万，穗粒数 32.8，千粒重 36.4 g，八五折后产量 6 318 kg/hm^2。示范区比农民自防田小麦赤霉病防治效果提高 7.8%，小麦单产提高 403.5 kg/hm²。

表 3-3　2018 年 30%丙硫菌唑 OD 对小麦赤霉病及其毒素的控制效果

示范年份	处理	病穗率（%）	病指（%）	病指防效（%）	麦粒中 DON* 含量（μg/kg）	控毒效果（%）
2017	30%丙硫菌唑	3.0	0.710	72.43		
	氰烯·戊唑	5.0	1.400	45.63		
	空白对照	8.0	2.575			
2018	30%丙硫菌唑	8.6	5.460	81.51	888.61A	57.17
	氰烯菌酯	11.2	5.720	80.63	837.75A	59.62
	空白对照	43.0	29.530		2 074.56B	

* DON 为脱氧雪腐镰刀菌烯醇。

末次药后 3 d、7 d、14 d 目测试验药剂，在试验剂量范围内各小区小麦均没有出现明显药害症状，小麦生长正常。

（二）30%丙硫菌唑·咪鲜胺悬浮剂

目前赤霉病的防治依然以化学防治为主，防治小麦赤霉病的主要药剂多菌灵在常年使用之后，防治效果已开始下降，不足以抑制赤霉病的危害。而且，单一药剂的重复和过度使用会造成赤霉病菌抗药性的产生及出现一系列严重的生态环境问题。药剂复配的应用不仅能克服或减缓赤霉病菌抗药性的产生，而且还可以减少药剂的使用量，从而减轻药剂对自然环境的污染。丙硫菌唑是一种三唑类杀菌剂，广谱、高效、安全，基本上对全部麦类病害均有较高的防治效果。本研究以丙硫菌唑为主，通过菌丝生长速率法筛选高效单剂进行复配，在确定最佳配比的基础上，以丙硫菌唑与咪鲜胺为有效成分进行了可分散油悬浮剂的研制，并评估其对 DON 毒素产量的控制效果和田间试验的防治效果，旨在为防治赤霉病提供一种新型、高效的复配组合，有效防治赤霉病的危害。

1. 技术要点

有效成分：以丙硫菌唑为主要药剂进行药剂的筛选，根据单剂生物测定结果，选择咪鲜胺与丙硫菌唑进行复配。丙硫菌唑与咪鲜胺 3：7、2：8、1：9 的毒力比率（C 值）大于 1.2，具有明显增效作用；丙硫菌唑与咪鲜胺的配比效果在 9：1 至 5：5 区间呈先增大后减小的趋势，其中 7：3 达到最大，C 值为 1.19；在 4：6 至 1：9 区间递增之后递减，3：7 时，C 值达到最大，为 1.23。所以丙硫菌唑与咪鲜胺的复配比例在 3：7 至 1：9 之间，折算成质量比大约在 4：（1.0～3.6），考虑到经济因素，选择质量比例 4：3。

油相载体的筛选：在供试油相载体中加入 30％丙硫·咪鲜胺原药之后，油酸甲酯、环氧脂肪酸甲酯、大豆油和菜籽油对丙硫菌唑原药浸润较快；常温贮存 1 d 后，除油酸甲酯外，其余油相载体均出现结底现象，因此，选择油酸甲酯作为 30％丙硫·咪鲜胺的油相载体。

乳化分散剂：从 200 种乳化分散剂中筛选到 8 种比较好的乳化分散剂。除 A-115 外，其余 7 种乳化分散剂的乳化分散性均四级，搅拌后也均呈灰白色乳状液，但是在 54 ℃贮存 14 d 稳定性试验中，8 种乳化分散剂均不能保持较好的乳化分散性，均出现热贮不稳定的情况。为改善可分散油悬浮剂体系乳化分散效果，根据 HLB 值法要求，对上述不同乳化分散剂进行组合混配，并测定其对油酸甲酯与有效成分混液的乳化分散效果。结果表明：农乳 600＃＋MoA-7，农乳 601＃＋EL-20，

Ａ－115＋EL－40混合时，可自动均匀分散，略搅拌呈乳白色半透明乳状液，且静止后无浮油、无沉淀。但以3种混配组合为乳化分散剂加工成的制剂，热贮14 d后，乳化分散效果降低，依然达不到可分散油悬浮剂热贮稳定性的要求。

为改善可分散油悬浮剂制剂的乳化分散效果，将3种混配组合分别与可分散油悬浮剂中常用阴离子乳化分散剂的无水钙盐进行复配。通过将3种乳化分散剂混配组合与无水钙盐进行二次混配，添加总量为10%，加工成可分散油悬浮剂样品，考察其乳化分散性和热贮稳定性，发现二次混配后的乳化分散效果较好，搅拌后静置30 min后均成灰白色乳状液，无沉淀；经过54 ℃贮存14 d试验后，农乳601♯＋EL－20总含量为8%，与无水钙盐含量为2%进行搭配，热贮后对乳化分散性影响最小。因此，30%丙硫·咪鲜胺（4∶3）可分散油悬浮剂的最佳乳化分散剂组合及用量为：农乳601♯，4%；EL－20，4%；无水钙盐，2%。

黏度调节：在上述试验确定的配方中，硅酸镁铝在用量增加时，黏度也随之增加，用量为1%时，已达到460 mPa·s，且流动性好；热贮后析油率在用量为0.75%、1.00%时，符合可分散油悬浮剂析油率的要求（≤5%）。综合以上因素，最终选择硅酸镁铝作为30%丙硫·咪鲜胺（4∶3）可分散油悬浮剂的黏度调节剂，用量为0.75%。

配方与各项指标：将17%丙硫菌唑、13%咪鲜胺、4%农乳601♯、4%EL－20、2%无水钙盐、0.75%硅酸镁铝、其余用油酸甲酯补足，混合并搅拌均匀后，放入装有氧化锆珠的砂磨机中研磨3 h，将研磨好的样品过滤，检测各项理化指标（表3－4），检测结果均符合可分散油悬浮剂的要求。

表 3-4 30％丙硫·咪鲜胺（4：3）可分散油悬浮剂主要指标

理化指标	30％丙硫·咪鲜胺（4：3）可分散油悬浮剂
有效成分	30％
pH	7.4
悬浮率	99％
粒径分布	Dv100＜5 μm
黏度	319 mPa·s
分散性	二级、能自动分散
热贮稳定性	合格
冷贮稳定性	合格

使用方法：推荐剂量制剂用量 $525\sim675$ g/hm² 药剂，兑水喷雾，兑水量 600 L/hm²，小麦扬花初期开始施药，间隔 $5\sim7$ d第二次施药，共施药 2 次。

2. 技术效果

对赤霉病的防治效果见表 3-5。小麦扬花初期使用30％丙硫·咪鲜胺可分散油悬浮剂 750 mL/hm² 无人机喷施，对小麦赤霉病的防效为 74.6％ 和 75.2％，与目前生产上常用的25％氰烯菌酯悬浮剂的防效无显著性差异。在整个田间试验过程中，未出现药害症状，说明30％丙硫·咪鲜胺可分散油悬浮剂在该用药量下，对小麦安全，有较好的应用前景。

表 3-5 二次药后 20 d 不同处理防治小麦赤霉病的效果

处　　理	病穗率（％）	病情指数	防效（％）
30％丙硫·咪鲜胺（4：3）可分散油悬浮剂	2.5	0.93	74.6a
30％丙硫·咪鲜胺（4：1）可分散油悬浮剂	2.4	0.91	75.2a
30％丙硫菌唑可分散油悬浮剂	2.8	1.02	72.2b
25％咪鲜胺乳油	3.3	1.34	63.5c
25％氰烯菌酯悬浮剂	2.6	0.95	74.1a
空白对照	11.5	3.67	—

注：以上数据均为 3 次重复的平均值，不同字母表示差异显著性（$P＜0.05$）。

对 DON 毒素的抑制效果。将研制的 30％丙硫·咪鲜胺可分散油悬浮剂与单剂丙硫菌唑、咪鲜胺、氰烯菌酯在控制 DON 毒素方面进行比较（表 3－6），这 5 种药剂对小麦赤霉病菌均有一定的抑制作用，研制的 30％丙硫·咪鲜胺可分散油悬浮剂、丙硫菌唑、咪鲜胺的单位菌丝 DON 毒素产量分别为 540.64 $\mu g/g$、534.38 $\mu g/g$、550.43 $\mu g/g$、575.52 $\mu g/g$；抑制率分别为 23.76％、24.64％、22.38％、18.84％。

表 3－6　不同药剂处理下单位菌丝 DON 毒素的产量

药　　剂	菌丝重（g）	单位菌丝 DON 产量（$\mu g/g$）
氰烯菌酯	0.120 8	178.22c
丙硫菌唑	0.139 8	550.43b
咪鲜胺	0.139 7	575.52b
30％丙硫·咪鲜胺（4∶3）可分散油悬浮剂	0.132 8	540.64b
30％丙硫·咪鲜胺（4∶1）可分散油悬浮剂	0.123 6	534.38b
对照	0.144 9	709.09a

注：以上数据均为 3 次重复的平均值，不同字母表示差异显著性（$P < 0.05$）。

（三）玉米种衣剂

供试菌株为玉米茎基腐病菌和玉米纹枯病菌，采用菌丝生长速率法测定各药剂的毒力方程和抑制中浓度（EC_{50}）值，将筛选出的单剂配置成悬浮剂，按照常规有效含量拌种后晾干，盆栽试验测定出苗率、发芽率、根长、芽长等相关指标，并统计发芽势。根据毒力测定和安全性测定结果确定种衣剂的活性成分。采用流点法筛选润湿分散剂，筛选流点较低的润湿剂；采用旋转黏度计方法检测增稠剂的稳定性和倾倒性，从而筛选出较好的增稠剂；选出的分散剂和增稠剂、润湿剂按照不同的含量混合，按照正交试验设计，选出效果较佳的组合。通过对成膜时间、脱落率等指标的检测来确定成膜剂，最终确定种衣剂的非活性成分。

针对黄淮区玉米苗期主要病虫的发生特点，在毒力测定与安全性试验的基础上，并结合助剂筛选的结果，从最终筛选的4种有效成分中，按照不同的成分和配比，加上筛选的助剂，制成不同成分配比的种衣剂悬浮剂小样。经过两周的热贮存，检测其含量、悬浮率、倾倒性等指标的变化，确定其配方，研制出一种具有一定开发前景的玉米种衣剂配方13% ABD悬浮剂。该玉米种衣剂活性成分低毒、高效，对玉米出苗安全，经安徽宿州、河南鹤壁和山东聊城三地试验，综合表现较好。

1. 技术要点

种衣剂活性成分配方：根据药剂对玉米纹枯和茎基腐2种病菌的抑制效果及其他增效作用，以及对种苗的安全性等，筛选了2个玉米种衣剂活性成分配方，分别为ABD和GE等2个配方。

生长调节剂：6 - BA（6 -苄氨基嘌呤）和腐植酸处理种子后，种子的发芽率、根长和芽长等与对照组差异显著。赤霉素拌种处理有利于玉米种子的生根发芽。赤霉素的处理浓度为0.2 mg/L时，发芽率最高；浓度为0.000 2 mg/L时促进幼苗生根效果明显，平均根长达8.19 cm；浓度为0.02 mg/L时芽长较长。

助剂：农乳600和分散剂NNO的流点相对较低，分别为0.493 4和0.486 8 mL/g，其分散效果相对较好，选择这两种作为种衣剂分散剂成分。供筛选的10种润湿剂中，BY140加入后几乎没有分层，制剂流动性好，底部无沉淀，故将BY140 作为润湿剂。黄原胶在用量为 0.2％时，其各项检测指标均达到最佳，增稠效果最理想，制剂黏度与流动性均达到指标，故选择黄原胶为增稠剂。将筛选出的分散剂、润湿剂、增稠剂等采用正交试验设计，筛选出最优配方：分散剂 NNO 含量为 2％，润湿剂 BY140 含量为 4％，润湿剂 600♯含量 3％，增稠剂黄原胶 XG 含量 0.1％。该配方没有析出，没有挂壁，流动性好，底部无沉淀，加入 2％乙二醇和 0.5％正辛醇后稳定性不受影响。

成膜剂的筛选：SYY 的成膜时间较短，含量为 2％时成膜时间仅为 16.7 min，成膜脱离率也较低，因此，确定SYY 作为种衣剂的成膜剂，用量为 3％时成膜时间最短，脱离率最低，因此选择 3％ SSY 作为种衣剂的成膜剂的含量。

热贮稳定性：制备的种衣剂活性成分配方制成水悬浮剂外观无分层、流动性好，底部无结块。热贮 2 周后的质量指标见表 3-7。有效成分贮后的分解率小于 5％，贮后悬浮率略有降低，但在允许范围内，是合格、可用的产品。

表 3-7　选定配方悬浮剂的热贮稳定性

重复	含量（％）			悬浮率（％）		倾倒性	
	贮前	贮后	分解率	贮前	贮后	贮前	贮后
1	12.3	11.9	3.25	98.3	95.3	合格	合格
2	12.2	11.8	3.28	99.2	96.3	合格	合格
3	12.4	12.1	2.42	98.4	95.4	合格	合格
4	12.3	12.0	2.44	97.8	95.8	合格	合格

使用方法：按照1∶150的药种比拌种后播种。

2. 技术效果

种衣剂对出苗的影响：将制成的种衣剂小样，按照1∶150的药种比拌种后单粒点播。待出苗稳定后，调查采用随机5点取样法，每点随机取样30株，测量植株的株高和干重。结果表明：各处理的出苗数均高于对照，但处理间无明显差异。各种衣剂处理后对玉米株高均无不良影响，其中10%ABD处理后玉米的株高显著高于对照，达到45.25 cm。除5%D处理外，其他种衣剂处理后的玉米植株干重均显著高于对照。

田间表现：黄淮海地区共设置3个点，安徽宿州、河南鹤壁和山东聊城。完全随机区组设计，3次重复，每次重复种植面积300 m²，行距0.6 m，人工单粒播种。播种1个月后调查出苗率、整齐度、植株根茎叶和病虫害情况。并于成熟期实收中间4行，行长5 m计产（面积12 m²）。处理有：农大1（13%ABD）和农大2（5.5%GE），以锐胜和满帅作为对照药剂，并设置不处理空白对照。河南鹤壁小区试验结果表明：农大1（13%ABD）处理后，玉米出苗率为94.7%，高于空白对照；地下害虫危害株率仅为0.8%，与对照药剂锐胜无明显差异，低于空白对照和对照药剂满帅；产量显著高于空白对照（表3-8）。

山东聊城试验结果表明：农大1（13%ABD）处理后，玉米出苗率为89%，与对照药剂无明显差异；地下害虫危害株率仅为8.3%，低于空白对照和对照药剂满帅；产量低于满帅，但显著高于空白对照（表3-9）。

表 3 - 8 种衣剂田间安全性及防效试验调查表（河南鹤壁）

试验药剂	出苗率(%)	出苗整齐度	苗期素质					地下害虫危害	产量
			茎基宽(cm)	茎叶长(cm)	根长(cm)	根数(条)	鲜重(g)	株率(%)	(kg/hm²)
农大1 (13% ABD)	94.7	上	2.19	67.6	14.7	14.8	58.5	0.8	10 762.95
锐胜	96.2	上	2.25	69.2	15.0	16.0	60.5	0.8	10 347.60
满帅	93.6	中	2.28	69.8	15.1	18.1	63.8	1.6	10 921.05
农大2 (5.5%GE)	92.5	中	2.25	71.8	14.1	18.8	60.1	0.9	8 413.95
CK	88.3	下	2.05	66.1	13.5	16.4	43.8	8.2	9 622.95

表 3 - 9 田间安全性及防效试验调查表（山东聊城）

试验药剂	出苗率(%)	出苗整齐度	苗期素质						地下害虫危害株率(%)	产量
			株高(cm)	茎基宽(cm)	茎叶长(cm)	根长(cm)	根数(条)	鲜重(g)		(kg/hm²)
农大1 (13% ABD)	89.0	良好	38.8	0.82	21.8	20.5	10.4	0.65	8.3	10 247.70
锐胜	91.0	很好	40.4	0.86	22.3	21.7	11.6	0.75	7.7	9 247.65
满帅	89.3	很好	39.0	0.81	21.6	21.2	10.5	0.61	6.0	11 303.40
农大2 (5.5% GE)	86.6	很好	38.7	0.87	20.8	19.9	9.9	0.60	8.7	8 517.15
CK	78.0	一般	37.4	0.83	20.4	20.5	9.6	0.58	16.0	8 625.45

安徽宿州小区试验结果表明：农大 1（13％ ABD）处理后，玉米出苗率为 92.1％，出苗整齐；地下害虫危害株率仅为 1.1％，与对照药剂无明显差异，极显著低于空白对照；产量 8 738.4 kg/hm²，显著高于其他处理（表 3 - 10）。

表 3 - 10　田间安全性及防效试验调查表（安徽宿州）

试验药剂	出苗率（％）	出苗整齐度	苗期素质					地下害虫危害株率（％）	产量（kg/hm²）
			茎基宽（cm）	茎叶长（cm）	根长（cm）	根数（条）	鲜重（g）		
农大 1（13％ ABD）	92.1	很好	0.6	21.2	18.3	4.1	9.8	1.1	8 738.40
锐胜	94.3	很好	0.6	20.9	14.5	3.9	10.3	1.0	8 782.05
满帅	91.7	很好	0.6	21.1	13.5	4.3	9.8	2.1	7 557.75
农大 2（5.5％ GE）	90.5	很好	0.7	21.9	14.1	4.0	11.2	1.2	8 111.40
CK	88.7	很好	0.6	21.3	13.4	4.3	10.0	11.3	7 539.30

从安徽宿州、河南鹤壁和山东聊城等三地种衣剂对出苗的影响、对病虫害的防治效果以及对产量的影响综合分析，农大 1 配方即 13％ ABD 种衣剂综合表现较好。

（四）热雾稳定剂

随着我国经济的发展，因劳动力转向第二、第三产业而导致农村劳动力严重短缺；农作物病虫防治时效性强、窗口期短、劳动强度大，急需高效、快速的施药技术。安徽是粮食生产大省，农作物种植面积 9 000 余万亩，年防治面积超过 3 亿亩次。目前以背负式电动喷雾器和弥雾机为主要的施药方式，用水量大、劳动强度高、费工费时；大型机械成本高、应用区域受限，难以满足现阶段农作物病虫害防治需求。热雾机施药工效高，机动性强，但漂移污染严重，均匀性差，需要特定的农药制剂与之配套才能用于林业及密闭空间有害生物防治，不能用于农作物病虫害防治。本研究利用凝结核的沉降作用及表面活性剂的乳化分散原理，研制热雾稳定剂及热雾剂农药，并结合新型热雾机开发，形成农作物热雾施药技术体系，解决热雾漂移、与商品农药相容性差、雾滴分布不均匀等问题，实现热雾施药用于农作物病虫害防治的突破，为农作物病虫害快速高效防治开辟了新途径。

1. 技术要点

热雾稳定剂与热雾机配套使用：一般情况下 600 mL/hm²，用于林果、玉米、甘蔗等高大作物时可减少至 450 mL/hm²，夏季高温用于水稻时，可加至 750 mL/hm²。

药液配制方法：配制的药液包含农药、热雾稳定剂、水。将热雾稳定剂、水倒入容器中，充分混溶，再加入上述指定量的农药，混匀，备用。注意控制加水量，其原则是使农药、热雾稳定剂和水的总量为 4 500～6 000 mL/hm²。

根据风向确定施药方向，顺风施药。选定施药方向后，沿着施药方向按照 0.5～0.6 m/s 的速度行走施药，也可根据热力烟雾机的出液量等参数，按每个喷幅 25 m 进行调整。

2. 技术效果

该技术在安徽、广东等地累计推广 1 405 万亩次，与背负式喷雾器、弥雾机相比，工效提高 8～10 倍，每公顷施药仅需 15 min，药效提高 3%～5%，用水量减少 95% 以上，土壤表面农药残留量下降 70%～80%，取得了显著的经济、社会和生态效益。优化了雾滴粒径，直径 $20 \sim 60 \ \mu m$ 的热雾滴比例高于 73.8%（表 3-11）。

表 3-11　热雾施药不同粒径雾滴的分布

处理名称	不同粒径雾滴比例（%）		
	$\leqslant 20 \ \mu m$	$20 \sim 60 \ \mu m$	$> 60 \ \mu m$
阿维菌素＋中高秆适用型稳定剂	11.71	92.22	7.78
己唑醇＋中高秆适用型稳定剂	9.65	86.98	13.02
阿维菌素＋矮秆适用型稳定剂	10.93	78.70	10.37
己唑醇＋矮秆适用型稳定剂	8.05	73.81	18.14
阿维菌素＋保护地适用型稳定剂	14.30	80.03	5.67
己唑醇＋保护地适用型稳定剂	13.87	78.68	7.45
24%嘧菌酯·福美双热雾剂	10.63	80.50	8.87
35%戊唑醇·三唑磷热雾剂	11.24	83.23	6.53
30%丙环唑·毒死蜱热雾剂	7.69	81.86	10.45
阿维菌素	10.71	67.73	21.56
己唑醇	7.42	68.64	23.94

改善了田间雾滴分布：热雾施药有效喷幅内，雾滴分布均匀。施药后植株上、中、下部叶片中农药有效成分附着量差异不显著，土表农药沉积量占施药总量的 3.26%，仅为弥雾机、手动喷雾器施药的 1/6（表 3-12）。

确保了防治效果：农作物病虫害热雾施药防治技术在安徽、广东等 5 省进行了示范应用，对油菜菌核病、玉米锈病、小斑病、纹枯病的防效在 70%～80%，对玉米蚜虫的防效为 96%左右，均高于 3WF-2.6 型背负式机动弥雾机（表 3-13）。

表 3 - 12 作物和土壤中多菌灵的沉积量占比和雾滴数

施药方式	上部叶片		中部叶片		下部叶片		土壤表面
	药量占比 (%)	雾滴数 (d/cm²)	药量占比 (%)	雾滴数 (d/cm²)	药量占比 (%)	雾滴数 (d/cm²)	药量占比 (%)
热雾施药	36.98	33.3	28.18	25.7	31.27	28.3	3.57
3 WF－2.6 型背负式弥雾机	31.14	25.3	23.93	19.3	14.39	11.7	30.54
18 型卫士喷雾器	34.61	20.7	25.57	14.7	16.97	9.7	22.85

表 3 - 13 不同施药技术的防治效果 （%）

施药方式	玉米		水稻		小麦	
	南方锈病	蚜虫	稻曲病	二化螟	赤霉病	蚜虫
电动喷雾器	83.32	93.16	70.26	92.34	70.36	92.63
弥雾机	82.36	92.43	69.41	92.18	69.24	93.32
热雾机	85.59	96.52	73.33	95.23	73.37	96.07

热雾施药技术应用于水稻、小麦等矮秆作物病虫害防治时，对水稻稻曲病、小麦赤霉病的防效均在 70％以上，对小麦蚜虫的防效达 95％以上，均高于无人机施药防治。热雾施药技术应用于保护地施药时，对草莓灰霉病的防效在 80％左右，对草莓白粉病的防效在 85％以上，优于弥雾机和电动喷雾器。

参考文献

中华人民共和国国家质量监督检验检疫总局，中国国家标准化管理委员会，2011. 小麦赤霉病测报技术规范：GB/T 15796—2011. 北京：中国标准出版社.

著写人员与单位

陈莉[1]，叶正和[2]，丁克坚[1]，苏贤岩[2]，任学祥[2]

[1] 安徽农业大学；[2] 安徽省农业科学院植物保护与农产品质量安全研究所

二、植物诱导抗性剂及其使用技术

生物农药具有高效、无公害的特点，已成为当前农药研究的热点。植物诱导抗性剂是生物农药的一种，可以诱导植物获得系统抗病性，是解决农业可持续发展的有效途径之一，其研发和应用已成为植物病虫害绿色防控的热点。植物诱导抗病性是利用物理的、化学的以及生物的方法对植物进行处理后能够诱导植物自身启动免疫系统，从而增强植物对后续有害生物的抵抗能力。

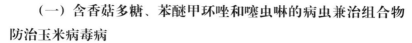

（一）含香菇多糖、苯醚甲环唑和噻虫啉的病虫兼治组合物防治玉米病毒病

1. 技术原理

玉米病毒病主要有玉米粗缩病和玉米矮花叶病两种，其主要传播途径为灰飞虱和蚜虫带毒传播，发生来势猛、上升速度快、发病面积大、危害严重，必须及时采用药剂进行防治。

香菇多糖是香菇提取物中的主要成分之一，是一种寄主免疫增强剂，目前在我国广泛应用于医药领域。现阶段研究表明，香菇多糖可作为一种植物免疫激活因子诱导植株对植物真菌和病毒病害产生抗性。苯醚甲环唑是三唑类杀菌剂，通过抑制真菌的细胞麦角甾醇的生物合成，破坏细胞膜结构与功能，从而达到杀菌目的。噻虫啉是新型烟碱类内吸杀虫剂，对刺吸式和咀嚼式口器害虫有特效。其作用机理是通过与烟碱型乙酰胆碱受体结合，阻断神经传导，干扰昆虫神经系统正常传导，引起神经通道的阻塞，使昆虫全身痉挛、麻痹而死。

该病虫兼治农药组合物通过香菇多糖、苯醚甲环唑和噻虫啉混用，不仅提高了杀菌毒力，延缓抗药性产生，降低化学合成药剂苯醚甲环唑的用量，还因香菇多糖对植物具有诱抗活性，增强对病原菌的防御能力，减轻了发病程度，因而增效更为显著。同时，噻虫啉可杀死传播植物病毒病的害虫灰飞虱和蚜虫，极大降低了传毒概率，更有利于香菇多糖对玉米病毒病、玉米根腐病等的预防作用。

2. 技术要点

有效成分：由香菇多糖、苯醚甲环唑和噻虫啉组成。所述香菇多糖、苯醚甲环唑和噻虫啉在病虫兼治农药组合物中的质量百分含量分别为：香菇多糖0.5%、苯醚甲环唑20.0%和噻虫啉20.0%，或者香菇多糖1.0%、苯醚甲环唑30.0%和噻虫啉20.0%。

药剂剂型：所述抗病防虫组合物为悬浮剂、可湿性粉剂或者水剂。

使用方法：推荐使用40.5%的香菇多糖·苯醚甲环唑·噻虫啉组合物稀释4 000倍或者51%的香菇多糖·苯醚甲环唑·噻虫啉组合物稀释喷5 000倍喷雾使用，玉米病毒病发生初期开始施药，间隔7~10 d第二次施药，共施药2次。

3. 技术效果

以香菇多糖、苯醚甲环唑和噻虫啉为有效成分加工的20.5%噻虫啉·苯醚甲环唑·香菇多糖（10.0：10.0：0.5）可湿性粉剂、40.5%噻虫啉·苯醚甲环唑·香菇多糖（20.0：20.0：0.5）可湿性粉剂、51.0%噻虫啉·苯醚甲环唑·香菇多糖（20.0：30.0：1.0）可湿性粉剂与20%噻虫啉可湿性粉剂、20%苯醚甲环唑可湿性粉剂和1%香菇多糖水剂，在玉米苗期加水配成悬浮液喷雾施用，药后7 d、10 d对株高及抗病防御相关酶POD的活性影响如表3-14所示。

由表3-14可以看出，使用噻虫啉·苯醚甲环唑·香菇多糖可湿性粉剂，在玉米苗期加水配成悬浮液喷雾施用，对玉米植株有促生及保健的作用，玉米叶片中POD酶活性均呈上升趋势，诱导玉米植株产生抗病性，当植株遭受病原菌侵染时可迅速产生防御反应。

表 3-14 噻虫啉、苯醚甲环唑、香菇多糖及其组合物对玉米苗期生长
及抗病相关酶活性的影响

药　剂	稀释倍数	浓度（mg/L）	株高（cm）	药后各天 POD 活性（U）	
				7 d	10 d
20％苯醚甲环唑可湿性粉剂	2 000	100.00	25.3 b	731 b	709 b
20％噻虫啉可湿性粉剂	2 000	100.00	24.9 b	783 b	698 b
1％香菇多糖水剂	500	20.00	29.5 a	1 302 a	1 221 a
20.5％噻虫啉·苯醚甲环唑·香菇多糖（10.0∶10.0∶0.5）可湿性粉剂	2 000	102.50	29.8 a	1 201 a	1 003 a
40.5％噻虫啉·苯醚甲环唑·香菇多糖（20.0∶20.0∶0.5）可湿性粉剂	4 000	101.25	29.3 a	1 173 a	1 035a
51.0％噻虫啉·苯醚甲环唑·香菇多糖（20.0∶30.0∶1.0）可湿性粉剂	5 000	102.00	30.1 a	1 398 a	1 152 a
对照	清水	/	25.2 b	645 b	663 b

注：表中数据经新复极差法统计，含相同字母者为差异不显著。

　　2016 年在山东聊城进行了大田药效试验。在玉米病毒病发生初期加水配成悬浮液喷雾施用，药后 10 d、20 d 的防治效果比较如表 3-15 所示。田间试验证明，使用 51.0％噻虫啉·苯醚甲环唑·香菇多糖（20.0∶30.0∶1.0）可湿性粉剂，在病害发生初期加水配成悬浮液喷雾施用，对玉米病毒病的防治效果可达 89.2％，对玉米病毒病防效较好。

　　综上，使用香菇多糖·苯醚甲环唑·噻虫啉组合物，可以有效防治玉米病毒病的发生，减少化学合成农药用量，延缓病原菌对药剂的抗性，降低农产品中的农药残留，降低防治成本。并且通过香菇多糖对植物的诱导抗性、苯醚甲环唑的杀菌作用以及噻虫啉的杀虫防病作用，能够促进植物生长，增强植物对病原菌的防御能力。

表 3-15　香菇多糖、苯醚甲环唑和噻虫啉及其组合物田间防治
玉米病毒病的效果

药　　剂	稀释倍数	浓度（mg/L）	喷药前病情指数（%）	药后不同天数防治效果（%）	
				10 d	20 d
20%噻虫啉可湿性粉剂	2 000	100.00	2.89	26.9 c	29.5 d
20%苯醚甲环唑可湿性粉剂	2 000	100.00	3.05	15.2 d	22.1 a
1%香菇多糖水剂	500	20.00	2.19	31.5 c	45.7 b
20.5%噻虫啉·苯醚甲环唑·香菇多糖（10.0∶10.0∶0.5）可湿性粉剂	2 000	102.50	3.01	76.3 b	75.7 a
40.5%噻虫啉·苯醚甲环唑·香菇多糖（20.0∶20.0∶0.5）可湿性粉剂	4 000	101.25	3.81	83.5 a	87.1 a
51.0%噻虫啉·苯醚甲环唑·香菇多糖（20.0∶30.0∶1.0）可湿性粉剂	5 000	102.00	3.32	85.4 a	89.2 a
对照	清水	/	3.57	/	/

注：表中数据经新复极差法统计，含相同字母者为差异不显著。

（二）含灵芝多糖、吡唑醚菌酯和噻虫胺的抗病防虫组合物防治玉米病毒病

1. 技术原理

灵芝多糖是灵芝提取物中的主要成分之一，是一种寄主免疫增强剂，在我国广泛应用于医药领域。作为功能性糖，灵芝多糖可以诱导植株产生系统抗病性。吡唑醚菌酯是兼具吡唑结构的甲氧基丙烯酸酯类抗病防病杀菌剂。作用机理为线粒体呼吸作用抑制剂，通过阻止细胞色素 b 合成过程中的电子传导起作用。噻虫胺是新型烟碱类内吸杀虫剂，其作用机理是与烟碱型乙酰胆碱受体结合，阻断神经传导，对小型刺吸式口器害虫杀虫活性高。

玉米病毒病有玉米粗缩病和玉米矮花叶病两种，常发生的

是玉米粗缩病，俗称"坐坡"，是由玉米粗缩病毒引起的。玉米病毒病的发生来势猛、上升速度快、发病面积大、危害严重，必须及时采用药剂进行防治。

该抗病防虫组合物对玉米粗缩病、玉米矮花叶病等病毒病的防治效果较高，还可以提高玉米植株的自身抗病性，防治病毒病传毒介体，减少化学合成药剂用量，降低防治成本。

2. 技术要点

有效成分：由灵芝多糖、吡唑醚菌酯和噻虫胺组成。所述灵芝多糖、吡唑醚菌酯和噻虫胺在组合物中的质量百分含量分别为：灵芝多糖0.5%、吡唑醚菌酯20.0%和噻虫胺20.0%。

药剂剂型：所述抗病防虫组合物为悬浮剂、可湿性粉剂或者水剂。

使用方法：推荐使用40.5%的灵芝多糖·吡唑醚菌酯·噻虫胺组合物稀释4 000倍使用，玉米病毒病发生初期开始施药，间隔7～10 d第二次施药，共施药2次。

3. 技术效果

以灵芝多糖、吡唑醚菌酯和噻虫胺为有效成分加工的40.5%噻虫胺·吡唑醚菌酯·灵芝多糖（20.0：20.0：0.5）可湿性粉剂进行玉米病毒病的防治（表3-16）。

2017年在山东泰安进行了大田药效试验。在玉米病毒病发生初期加水配成悬浮液喷雾施用，药后10 d、20 d的防治效果比较如表3-16所示。田间试验证明，防治玉米病毒病，使用灵芝多糖·吡唑醚菌酯·噻虫胺可湿性粉剂，在病害发生初期加水配成悬浮液喷雾施用，对玉米病毒病的防治效果达88.1%，对玉米病毒病防效较好。

表 3-16　灵芝多糖、吡唑醚菌酯和噻虫胺及其组合物田间防治
玉米病毒病的效果

药　剂	稀释倍数	浓度（mg/L）	喷药前病情指数（%）	药后不同天数防治效果（%）	
				10 d	20 d
20%噻虫胺可湿性粉剂	2 000	100.0	3.87	36.7 c	29.3 c
20%吡唑醚菌酯可湿性粉剂	2 000	100.0	3.76	23.2 d	25.1 c
1%灵芝多糖水剂	500	20.0	3.85	41.2 c	35.4 b
40.5%噻虫胺·吡唑醚菌酯·灵芝多糖（20∶20∶0.5）可湿性粉剂	4 000	102.5	3.85	87.5 a	88.1 a
对照	清水	/	4.05	/	/

* 表中数据经新复极差法统计，含相同字母者为差异不显著。

（三）一种小麦抗病防冻农药组合物

1. 技术原理

己唑醇属三唑类杀菌剂，对真菌尤其是担子菌门和子囊菌门引起的病害有广谱性的预防和治疗作用。己唑醇破坏和阻止病菌的细胞膜重要组成成分麦角甾醇的生物合成，导致细胞膜不能形成，使病菌死亡；具有较强的内吸性，能通过植物茎叶被吸收，沿植株木质部向整株分布，具有内吸、保护和治疗活性，对病害的预防和治疗作用全面。

氯化胆碱是 B 族维生素的一种。胆碱是机体合成乙酰胆碱的基础，从而影响神经信号的传递；也是体内蛋氨酸合成所需的甲基源之一。氯化胆碱还是一种植物光合作用促进剂，对增加产量有明显的效果。

香菇是侧耳科的担子菌，含有多种有效药用成分。尤其是香菇多糖，是一种寄主免疫增强剂，它具有抗病毒、调节植物

免疫功能和刺激干扰素形成等功能。

小麦抗病防冻农药组合物，是以己唑醇、氯化胆碱和香菇多糖复配而成，可有效预防和控制小麦苗期病害，如根腐病、纹枯病、白粉病和叶锈病等，还能预防冬季温度过低和春季倒春寒引起的小麦冻害，提高冬小麦的抗病性和抗逆性。

2. 技术要点

有效成分：由己唑醇、氯化胆碱和香菇多糖组成。所述己唑醇、氯化胆碱和香菇多糖组成的质量百分含量分别为：己唑醇 5%～30%、氯化胆碱 5%～30% 和香菇多糖 0.2%～5.0%。

药剂剂型：可使用润湿剂、填料等助剂按传统方法加工成悬浮剂、可湿性粉剂或者水剂。

使用方法：在小麦越冬前或春季倒春寒发生前使用己唑醇·氯化胆碱·香菇多糖可湿性粉剂或水剂或悬浮剂，加水配成悬浮液喷雾施用，以防御小麦冻害（或者同时还防治小麦苗期病害）。

3. 技术效果

以己唑醇、氯化胆碱、香菇多糖为有效成分加工的 30.0% 己唑醇可湿性粉剂、30.0% 氯化胆碱水剂、0.5% 香菇多糖水剂、50.5% 己唑醇·氯化胆碱·香菇多糖（30.0∶20.0∶0.5）可湿性粉剂、40.5% 己唑醇·氯化胆碱·香菇多糖（20.0∶20.0∶0.5）可湿性粉剂、30.5% 己唑醇·氯化胆碱·香菇多糖（15.0∶15.0∶0.5）可湿性粉剂，均加水稀释 2 000 倍，另设 50.5% 己唑醇·氯化胆碱·香菇多糖加水稀释 4 000 倍作为对照，分别于小麦越冬前和拔节期喷雾施用防治小麦纹枯病，每公顷喷药液量 450 kg，对小麦纹枯病的防治效果如表 3-17 所示。

表 3 - 17 己唑醇·氯化胆碱·香菇多糖及其组合物防治小麦纹枯病的田间药效试验结果

药 剂	稀释倍数	浓度 (mg/L)	防治效果（%）	
			越冬前调查	拔节期调查
30.0%己唑醇可湿性粉剂	2 000	150	72.5 c	68.4 c
30.0%氯化胆碱水剂	2 000	0（100）	6.3 e	5.8 e
0.5%香菇多糖水剂	2 000	0（2.5）	12.5 d	13.6 d
50.5%己唑醇·氯化胆碱·香菇多糖（30.0∶20.0∶0.5）可湿性粉剂	2 000	150	95.6 a	94.0 a
50.5%己唑醇·氯化胆碱·香菇多糖（30.0∶20.0∶0.5）可湿性粉剂	4 000	75	87.4 b	86.9 b
40.5%己唑醇·氯化胆碱·香菇多糖（20.0∶20.0∶0.5）可湿性粉剂	2 000	100	92.0 a	91.3 a
30.5%己唑醇·氯化胆碱·香菇多糖（15.0∶15.0∶0.5）可湿性粉剂	2 000	75	87.7 b	87.4 b
对照	清水	/	0	0

注：表中药剂浓度为己唑醇浓度，数据经新复极差法统计，含相同字母者为差异不显著。

由表 3 - 17 田间试验证明，防治小麦纹枯病，用己唑醇·氯化胆碱·香菇多糖可湿性粉剂 2 000 倍稀释液，在小麦越冬前喷雾使用，越冬前对小麦纹枯病的防治效果达 87.7%～95.6%，拔节期对小麦纹枯病的防治效果达 87.4%～94.0%，对小麦生长无不利影响。在己唑醇相同用量下，50.5%己唑醇·氯化胆碱·香菇多糖可湿性粉剂加水稀释 2 000 倍，在越冬前和拔节期的防效分别达 95.6%和 94.0%。

以己唑醇、氯化胆碱、香菇多糖为有效成分加工的 30.0%己唑醇可湿性粉剂、30.0%氯化胆碱水剂、0.5%香菇多糖水剂、50.5%己唑醇·氯化胆碱·香菇多糖（30.0∶20.0∶0.5）

可湿性粉剂、40.5％己唑醇·氯化胆碱·香菇多糖（20.0：20.0：0.5）可湿性粉剂、30.5％己唑醇·氯化胆碱·香菇多糖（15.0：15.0：0.5）可湿性粉剂，均加水稀释 2 000 倍，另设 50.5％己唑醇·氯化胆碱·香菇多糖加水稀释 4 000 倍作为对照，在山东农业大学试验田种植弱冬性小麦品种郑麦 9023，于 2016 年 12 月 5 日小麦进入越冬期喷雾施用，每公顷喷药液量 450 kg，于 2017 年 3 月 20 日小麦返青时调查，调查结果如表 3 - 18 所示。

表 3 - 18　己唑醇·氯化胆碱·香菇多糖及其组合物预防小麦冻害的田间试验结果

药　　剂	稀释倍数	浓度 (mg/L)	防冻害效果（％）	
			冻害率 (％)	防冻效果 (％)
30.0％己唑醇可湿性粉剂	2 000	150	38.6	9.2 d
30.0％氯化胆碱水剂	2 000	0（100）	8.2	80.7 b
0.5％香菇多糖水剂	2 000	0（2.5）	11.5	72.9 c
50.5％己唑醇·氯化胆碱·香菇多糖（30.0：20.0：0.5）可湿性粉剂	2 000	150	1.8	95.8 a
50.5％己唑醇·氯化胆碱·香菇多糖（30.0：20.0：0.5）可湿性粉剂	4 000	75	4.2	90.1 ab
40.5％己唑醇·氯化胆碱·香菇多糖（20.0：20.0：0.5）可湿性粉剂	2 000	100	2.2	94.8 a
30.5％己唑醇·氯化胆碱·香菇多糖（15.0：15.0：0.5）可湿性粉剂	2 000	75	3.9	90.8 ab
对照	清水	/	42.5	0

注：表中药剂浓度为己唑醇浓度，数据经新复极差法统计，含相同字母者为差异不显著。

由表 3 - 18 田间试验证明，对照受害率达 42.5％，与对照相比，50.5％己唑醇·氯化胆碱·香菇多糖（30.0：20.0：0.5）可湿性粉剂、40.5％己唑醇·氯化胆碱·香菇多糖（20.0：

20.0：0.5）可湿性粉剂、30.5％己唑醇·氯化胆碱·香菇多糖（15.0：15.0：0.5）可湿性粉剂三个组合物，分别加水稀释2 000倍，于小麦进入越冬期喷施，小麦返青期防冻防治效果达90.8％~95.8％，小麦生长正常。50.5％己唑醇·氯化胆碱·香菇多糖（30.0：20.0：0.5）可湿性粉剂加水稀释4 000倍的防冻效果也达90.1％。三个组合的4个处理的防冻效果均大于90％，明显高于30％氯化胆碱水剂加水稀释2 000倍的防冻效果（80.7％），也明显高于0.5％香菇多糖水剂加水稀释2 000倍的防冻效果（72.9％）。说明本组合物处理小麦防冻效果十分显著。

综上，小麦抗病防冻农药组合物可以用于有效预防和控制小麦根腐病、纹枯病、白粉病和叶锈病等苗期病害，还能预防冬季温度过低和春季倒春寒引起的小麦冻害，提高冬小麦的抗病性和抗逆性。该农药组合物不仅提高了杀菌毒力，降低化学合成药剂用量，还预防小麦冻害，促进植物生长，增强植物的抗逆性，减轻了发病程度，降低了农药用量，对作物生长无不利影响，经济和社会效益显著。在小麦越冬前或春季倒春寒发生前使用己唑醇·氯化胆碱·香菇多糖可湿性粉剂、水分散粒剂或悬浮剂，加水配成悬浮液喷雾施用，可有效防御小麦冻害。

参考文献

邱德文，2014. 植物免疫诱抗剂的研究进展与应用前景 . 中国农业科技导报，16（1）：39-45.

宋宝安，2018. 作物健康栽培引领农业绿色发展 . 农药市场信息，30（6）：1.

著写人员与单位

王红艳[1]，姜莉莉[2]，张中霄[1]

[1] 山东农业大学；[2] 山东省农业科学院

第二节　新型药械及其使用技术

一、自走式精准变量喷杆喷雾机

作为大田生产中较为常见的喷雾方式，喷杆式喷雾机的主要作业对象是粮食或经济作物，防治病虫害和除草的效果良好，但目前精准施药技术在大田作业的喷杆式喷雾机应用较少，带来了诸如农药有效利用率低、农产品中农药残留超标和环境污染等问题。为提升我国喷杆喷雾机的喷雾性能，降低喷雾作业过程中形成的农药雾滴飘移，中国农业大学药械与施药技术研究中心根据我国水、旱田的实际情况，采用喷杆式低量喷雾、气流辅助输送雾滴、液压控制、喷幅标识和喷杆自动折叠等先进技术，先后研制出 3WSF‒200 型自走式水旱两用风送低量防飘喷杆喷雾机、3WFP‒300/500 第二代导流式防飘喷杆喷雾机、3WDFP‒500 第三代自走式高地隙低量导流防飘喷杆喷雾机，实现了旱地作物、水稻上植保机械化作业，大大提高了作业效率，喷雾量分布均匀性得到显著改善，降低了作业过程中的农药飘移造成的环境污染。而为提高水田喷杆喷雾机的自动化作业水平，该中心于 2016 年研制出基于变量施药的自走式精准变量喷杆喷雾机，该喷雾机集合 GPS 导航定位、多传感器数据采集、单片机自动化控制、Windows 程序界面可视化、机电液一体化等多种现代化技术手段，参考作物种类、病虫草害发生情况自动调整单位面积施药量，并根据喷雾压力、运行速度、喷头流量实时调整喷雾机运行速度、管路液压和喷头流量。

（一）整机结构设计及其参数

水田自走式喷杆喷雾机设计重点，一是保证有足够配置动力前提下整机轻量化设计；二是精准变量系统保证施药均匀，减少农药使用量和提高农药利用率，将沉积分布变异系数控制在 10％以内。根据国内外水田植保机械研究以及现有植保机械设计经验，设计一款适用水田行走的自走式精准变量喷杆喷雾机，其配备先进的精准变量施药系统。根据水田特性，设计喷雾机具有四轮驱动功能，将动力平均分配到每个车轮，增大抓地力，提高通过性；同时，四轮转向功能，减小转弯半径，减少转弯时对作物损伤；喷雾机离地间隙大于 1 m，避免底盘对稻穗的损伤；喷杆使用轻质铝材料并分段设计，质量轻，便于展开和收起，操作方便；同时喷幅宽不低于 10 m，药箱容积不低于 500 L，减少加药次数，提高作业效率。精准变量施药系统能根据喷雾机作业过程中速度变化实时改变喷洒药量，保证每公顷施药与设定值一致；选用喷雾质量高、性能优异的德国进口 lechler 扇形喷头提高施药均匀性。

自走式水田精准变量喷杆喷雾机主要包括发动机、四轮驱动、四轮转向、承载车体车架、驾驶室、精准变量施药系统，其中精准施药变量的因素涉及药箱形状、液泵流量、过滤层数、自动升降喷洒架、不同功能喷头、电磁控制阀、电磁变量阀、电磁节流阀、中央计算机处理器、控制单元、显示屏、GPS 接收器及各种信号传输等部件，各部件如图 3 - 1，参数设置如表 3 - 19。

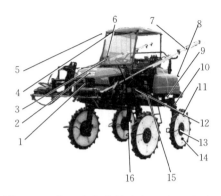

图 3-1　水田自走式精准变量喷杆喷雾机

1. 喷洒架　2. 发动机　3. 显示器　4. GPS 接收器　5. 驾驶室总成

6. 执行控制单元　7. 喷杆　8. 药箱　9. 三缸泵　10. 桥腿　11. 轮胎

12. 车架总成　13. 分拢器　14. 轮胎挡板　15. 计算机处理器　16. 变速箱

表 3-19　整机基本参数

名　称	规　格
行走方式	四轮驱动、四轮转向
外形尺寸（长×宽×高）（mm）	3 600×1 760×2 900
车轮轴间距（mm）	1 500
车轮行间距（mm）	1 500
发动机（hp）	22
药箱容积（L）	500
喷头数量（个）	20
质量（kg）	1 200
离地间隙（cm）	100
喷杆长度（m）	10
喷幅（m）	1

（二）精准变量施药系统功能及原理

1. 施药系统可实现的功能

该系统硬件部分由信息采集部分、精准变量计算机、速度传感器、压力传感器和流量传感器以及施药处理控制单元等组成。采用车轮速度传感器实时测取速度，并且 GPS 传感器辅助实时测取喷雾机在田间的行走速度与地理位置，综合各种采集信号嵌入计算机，系统做出决策以数字信号的形式传递给执行部件，电磁阀通过程序控制电机的转动方向，改变系统内的压力及流量，使喷头流出的流量发生实时改变，最终实现喷量的变化，其信号传递流程如图 3-2 所示。精准变量施药系统安装到水田自走式喷杆喷雾机上，除受自身的控制部件及程序影响外，还受到机具影响，如药箱药液混合均匀度、三缸泵、管路、喷头的选择，喷头体安装，以及温度、湿度、风速等，通过分析各方面因素，最终使精准变量施药系统具备如下特点：

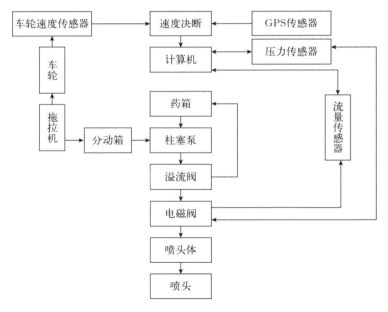

图 3-2　精准变量施药系统控制流程

（1）喷雾机施药过程，根据设定的施药量、速度的变化，精准变量系统实时对系统管路中药液压力和流量进行调节，保证单位面积施药量不变。

（2）通过高精度 GPS 定位，压力、流量、速度传感器完成精准施药系统控制，通过控制电气元件精准控制施药过程，防止喷雾机有效喷幅内重喷或漏喷。

（3）多种传感器，准确采集速度、压力、流量、实时喷雾量等信息并实时显示在显示器。

2. 变量施药系统的工作原理

精准变量施药系统安装到水田自走式喷杆喷雾机，如图 3-3 所示，水田自走式喷杆喷雾机开机后，信息监测系统会将 F

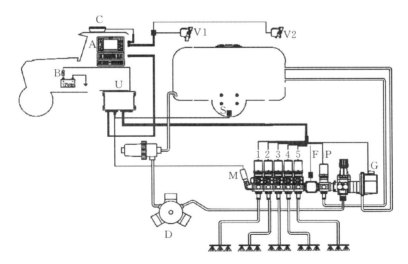

图 3-3 变量施药系统工作原理图

A. 显示器 B. 电源 C. GPS D. 三缸泵 F. 流量计 G. 控制主阀

M. 压力传感器 S. 速度传感器 U. 计算运算单元 V1. 摄像机 1

V2. 摄像机 2 1.2.3.4.5. 控制节流阀 P. 调压阀

管路中流量、M 施药压力、S 速度传感器和 C 卫星 GPS 信号、摄像 V1 和 V2 传至 U 计算机系统，U 根据采集信号进行判别是否开始施药，此时药箱中的液体流经过滤器后进入三缸泵，三缸泵加压后进入控制执行单元。如果不进行作业，计算机发出指令到主阀 G，关闭主阀，药液直接回流到药箱；如果进行正常作业，计算机发出指令主阀 G 开启，药液流经调压阀 P，调压阀根据每公顷施药量和速度自动调节，将多余的药液回流至药箱。节流阀 1 至 5 根据 C 提供的地理信息，决定是否关闭，防止重喷或漏喷。

（三）结论

该机具配备了精准变量喷雾系统，可以进行减量试验。该系统通过 GPS 导航定位、速度传感器、压力传感器、流量传感器、中央数据处理器等集成应用，实时采集机具田间作业参数信息，喷雾机依据获取的田间施药信息参数进行实时调整喷雾作业参数，最终实现精准变量喷雾。通过试验证明，该机作业过程中喷杆各处雾滴分布均匀性变异系数小于 10%，单位面积施药量误差低于 8%，定位精度控制在 10 cm 以内，保证单位面积施药量保持一致，实现药液均匀喷洒到靶标作物的目标。精准变量喷杆喷雾机保证了田间施药均匀性，从而减少了农药用量，提高了农药利用率。因此，精准变量喷杆喷雾机为农药减量化使用提供了一个新的思路。

二、挡板导流式喷杆喷雾机

普通喷雾机喷施农药时，部分农药细雾滴会被气流携向非靶标区域而造成飘失。农药飘失不仅会降低防治效果、增加成本，而且还会危及非靶标区域的敏感动植物并污染环境。随着农药使用量的迅速增长，农药飘失带来的严重后果也引起了人们的普遍关注。

罩盖喷雾是通过在喷头位置安装导流装置来改变喷头周围气流的速度和方向，使气流运动利于雾滴的沉降，增加雾滴在作物冠层的沉积，达到减少雾滴飘失的目的。其中机械式罩盖喷雾是一种结构简单、价格便宜和减少雾滴飘失效果较好的喷雾方法。本研究研制的挡板导流式喷雾机不仅可以利用挡板导流，减少飘失，而且对高秆和低茬作物都适用。当作业于低茬作物时，挡板底端紧贴作物顶部，倾斜喷出的药液会穿透作物冠层；当作业于高秆作物时，挡板可以拨开作物冠层，减少上部冠层对药液的拦截，使药液直接作业于靶标中、下冠层。两种情况下都能解决常规喷雾在作物中、下冠层沉积量少的问题。

（一）整机结构

挡板导流式喷雾机由机架、液泵、药液箱、管路系统、喷雾系统等主要部分组成，为保证喷雾机在作业过程中稳定，采用拖拉机牵引式作业方式，在对试验机具研究的基础上，将喷幅增加 6 m，并在运输状态下可将挡板折叠为 2 m 宽，以方便运输，药箱容积为 350 L，液泵安装在拖拉机后部，通过侧动力输出轴皮带传输动力。

根据总体设计方案，喷雾机共有 12 个喷头，每个喷头的喷雾量为 0.50～2.48 L/min（0.5 MPa 压力下），总喷雾量为 6～30 L/min。考虑到药箱内药液搅拌的需要，一般搅拌流量为药箱容量的 5%～10%。由于所选药箱为方形，不利于搅拌，因此确定搅拌流量为药箱的 10%。药箱容积为 300 L，所需的搅拌流量为 30 L/min。按照上述两部分流量的要求，所需隔膜泵排量是 36～60 L/min，因此选用了额定排量为 80 L/min 的双缸活塞式隔膜泵。

连接后部喷雾系统的机架可以进行高度调节，根据实际作业情况来调节高度，挡板、喷杆和喷头以平行四边形连接，在试验机具的基础上调节最佳作业参数固定不变，样机如图 3-4 所示。

图 3-4　挡板导流式喷杆喷雾机

（二）防飘原理

研制的挡板导流式喷杆喷雾机后方是一个用平行四边形机构连接着喷杆与挡板的装置，挡板的倾角可以由平行四边形机构来调节，机具向前行驶时挡板拨开作物冠层，可以减少雾滴向靶标运动的冠层阻力。管路部分装有压力表和调压阀，可根据喷头型号及药液用量调整压力大小。喷头选用德国 Lechler

公司生产的标准型 110 - 04 扇形雾喷头，喷头距地面高度在
30～100 cm 范围内可调节，喷头释放角可以随喷杆整体调节。
在作业过程中可以调节各参数以求最佳喷雾效果，并通过试验
确定了最优喷雾参数为：喷头距地面高度是 70 cm，喷头释放
角度是 50°，挡板的倾角是 50°，挡板的宽度为 45 cm。

在最佳的工作状态下，挡板可以有效地减少农药雾滴的飘
失。挡板通过改变雾滴的流场而利于雾滴沉积，又可以减少冠
层对雾滴的拦截，使农药雾滴在作物的中、下部的沉积量增
加，从而增加了农药雾滴在冠层沉积的均匀性，并有效地减少
雾滴飘失，能更好地进行对作物病虫害的防治。

（三）结论

为了测试新研制的挡板导流式喷雾机的防飘性能，可对其
与常规喷雾进行了仿真模拟试验与田间试验的对比研究。结果
表明挡板导流式喷雾机改变了喷头周围的流场，使气流的水平
速度减小，并产生了垂直向下的气流，减少了雾滴飘失的潜能
并胁迫雾滴向靶标沉积。药液在小麦中、下冠层的沉积量分别
增加了 119.2% 和 112.3%，在冠层上总的沉积量增加了
20.3%。上、中、下冠层叶面药液沉积量的变异系数分别为
7.85%、6.37% 和 8.71%，都小于常规喷雾。

因此，采用挡板导流式喷雾机能实现增加施药沉积量和雾
滴分布均匀性，以及取得良好的防治效果的目标。

三、新型植保无人机

近年来，我国植保无人机农药喷洒作业的使用量日益增
长，应用的农作物范围也越来越广，尤其在地面喷杆喷雾机难

以进地作业地区具有广阔发展应用前景。植保无人机用于低空低量施药作业与传统人力背负喷雾作业相比具有作业效率高、劳动强度小等特点；与有人驾驶大型航空飞机施药作业相比成本大大降低，并能够满足高效农业经济发展的需求。特别是对于水稻、中后期玉米、丘陵地带种植的农经作物等地面机械难以进地进行农药喷雾作业的情况。截至目前，我国研发了多种适合于这种不同地区小农户的植保无人机，以应对日益严峻的病虫害防治任务；同时，采用植保无人机进行农药喷施，人机分离、人药分离、高效安全，并能实现生长期全程植保机械化喷雾作业。

从喷洒效果上看：① 植保无人机具有直升机的高效作业性能和良好喷洒效果；② 植保无人机速度变化灵活，可以从零迅速飞到稳定速度，低速条件下作业有较好的雾滴覆盖，特别是旋翼产生的下旋气流，可减少雾粒的飘散，同时由于下旋气流而产生上升气流可使农药雾滴直接沉积到植物叶片的正反面；③ 植保无人机的空中悬停功能使其具有单株喷洒能力。

从成本和安全性上看：① 植保无人机的整体使用费用相对较少，虽然购机费用较高，但无需机场建设，与有人机相比性价比较高；② 植保无人机的安全系数较高，特别是旋翼机，在发动机失效时，利用旋翼的自转性，通过驾驶员正确的操作，其迫降着陆速度可接近于零，另外植保无人机能通过减缓速度快速反应来增加飞行安全性和可预见性。

我国通用轻小型农用植保无人机主要有中国农业大学研发的单旋翼"CAU-3WZN10A"（图3-5）与多旋翼"3WSZ-15"（图3-6）、"863"项目研发的"Z-3""大疆MG-1"

图 3 - 5　中国农业大学研发的单旋翼植保无人机 "CAU - 3 WZN10A"

图 3 - 6　中国农业大学研发的 18 旋翼植保无人机 "3WSZ - 15"

"安阳全丰 3WQF120 - 12 型" "无锡汉和水星一号" 以及 "广西田园 3XY8D 型" "天鹰 - 3" 等。据农业部相关部门统计，截至 2016 年 5 月，全国在用的农用植保无人机共 178 种，至 2019 年有关应用部门不完全统计，全国各种型号的植保无人机装机容量已经接近 4 万台；可挂载 5～20 L 的药箱（近 2 年市场上也有大于 30 L 的植保无人机出现，但应用较少），喷幅在 5～20 m，可适用于不同的施药条件，喷雾作业效率高达

6 hm²/h，能有效及时防治水稻病虫草害。至今，全国农业航空技术 95％以上用于航空植保作业，还有 5％左右用于农情信息获取、航空拍摄、农作物的辅助育种等。2019 年，各种有人驾驶与无人农用航空器植保喷雾作业 48 586 h，主要用于湖南、湖北、江西、河南、福建与其他南方水稻等粮食作物产区，作业面积达到 3 亿亩次。

在植保无人机快速发展的过程中，植保喷雾作业的效果与病虫草害的防效受到广大用户的广泛与深度的关注，实践证明，喷雾系统亟待改进。当前，中国植保无人机采用的喷雾系统的泵、雾化喷头等部件大都采用传统的地面机具喷雾装备，尤其缺乏地面喷雾机械必配的稳压调压装置，无法实现稳压调压，为植保无人机低空低量航空施药设计的专用喷雾系统还未出现。而且，为无人机飞行安全、降低能耗以及提升效率等考虑，无人机生产厂商都希望把飞机上除去药箱以外的其他载荷设计得越轻越好。在这种情况下，作为植保机械喷雾系统中的一些必有的部件，诸如稳压与调压装置、回流与搅拌装置等在植保无人机上均被省去，因此造成这种喷雾系统很容易工作性能不稳定，因喷雾压力不稳定导致喷出的农药量时多时少、关键部件寿命缩短、喷洒出的雾滴不断变化、雾滴谱极宽、沉积分布不均匀等，严重影响施药质量与防效的问题，反而产生无人机作业效率下降、成本上升、防治效果不佳以及对非靶标区域产生药害等不良后果，这样一些问题在近年的部分地区如新疆和江西等地对植保无人机的推广应用造成负面影响。

植保无人机的喷雾系统主要由药箱、雾化装置、液泵及其附件（稳压调压装置）等部分组成。图 3－7 为植保无人机喷雾系统组成，工作原理为农药药液在液泵的压力作用下从药箱通过管路到达喷头，在喷头处经液力式喷头或离心式喷头雾化后喷洒到靶标作物上。因此，可通过改进以下喷雾系统来实现新型植保机械与使用技术的发展目标。

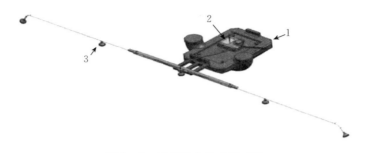

图 3-7　植保无人机喷雾系统

1. 药液箱　2. 液泵　3. 喷杆及喷头

（一）新型药液箱

药箱是植保无人机喷雾系统的一个重要部件。我国植保无人机药箱大多为工程塑料材质，需耐酸碱、耐腐蚀，有桶状、长方体状、三棱柱状和圆锥状等不同形状，容量大小依据无人机平台起飞载荷而定，多为 5～20 L。目前，对于市场上几乎所有多旋翼无人机，药箱都直接固定在无人机机身下方，如图 3-8 中所示的大疆"MG-1"型和"天途 M6A 型"。而大部分单旋翼植保无人机，则效仿日本雅马哈无人机，普遍使用双药箱的设计方式（图 3-9），即在主旋翼下方机身两侧对称位置各放置 1 个药箱，2 个药箱通过管路连通保持液面高度一致，使药液形成一个整体。如"安阳全丰 3WQF120-12 型""汉和水星一号型"以及"广西田园 3XY8D 型"。此外，一些单旋翼无人机采用的则是较独特的 U 形药箱，一种类似于将两侧的药箱打通、将无人机机身下部嵌入药箱 U 形槽内的结构，例如"高科新农 HY - B - 15 L 型"和"S40 型单旋翼电动"（图 3 - 10）。

a.大疆MG-1　　　　　　　　b.天途M6A

图 3 - 8　多旋翼植保无人机药箱

a.全丰3WQF120-12　　　b.汉和水星一号　　　c.田园3XY8D

图 3 - 9　单旋翼植保无人机药箱

图 3 - 10　单旋翼无人机 U 形药箱

目前市场上除大疆、极飞、羽人等少数几家企业的产品，大多数植保无人机药箱均没有防浪涌与防震荡功能。由于植保无人机作业过程中一直在飞行运动，加减速、转弯、爬升和下降等情况下药液震荡会对无人机的飞行安全产生很大影响的同时，整个机身会因飞行不平稳而造成喷雾过程中的重喷和漏喷，加上由于喷雾飞行过程中因受气象条件如自然风速变化的影响无法实现等高飞行，从而导致喷幅的不断变化，这使得目前我们测试过的数十种植保无人机的喷雾范围内农药雾滴的喷雾均匀性系数均在40%以上，而有的甚至超过60%，而这一均匀性系数按照我们国家对地面喷杆喷雾机的标准必须小于15%，植保无人机施药均匀性在目前技术条件下远远低于地面喷杆喷雾机。

因此，应在药箱中加设防浪涌与防震荡装置。同时，大部分无人机药箱缺乏进液过滤装置，无论是在注入药液的药箱口还是在药液进入管路的出口位置，都需要安装滤网等过滤装置，过滤药液中颗粒较大的固体颗粒，防止固体颗粒堵塞喷头的同时损坏液泵、管路等部件。此外，新型无人机喷雾系统还需加入了搅拌装置，以防不同理化性质的农药药液在药箱中分层、凝絮、沉淀，降低药效和雾化效果。

（二）新型液泵

液泵产生的压力是药液进入管路和雾化的动力来源，目前植保无人机喷雾系统绝大多数都采用早期研发的国产微型电动隔膜泵（图3-11）。微型电动隔膜泵是我国自20世纪90年代初发明装配与人力背负式电动喷雾器上的一个产品，生产应用已有20余年的历史，年产量达到5万～10万台。微型电动隔

图 3-11　植保无人机用微型电动隔膜泵

膜泵用微型直流电动机（一般电压为 5 V、12 V、24 V）做动力驱动装置，驱动内部机械偏心装置做偏心运动，由偏心运动带动内部的隔膜做往复运动。从而对固定容积的泵腔内的液体进行压缩（压缩时进液口关闭，排液口打开形成微正压）、拉伸（压缩时排液口关闭，进液口打开形成负压），在泵进液口处与外界大气压产生压力差，在压力差的作用下，将药液吸入泵腔，再从排液口排出。微型电动隔膜泵的优势在于耐腐蚀、压力高、噪音低，可以用于高黏度药液的吸液和排液，但因其隔膜的脉动作用，导致喷雾压力的脉动而不能实现均匀稳压的喷雾作业。在单旋翼无人机的双药箱设计中，多采用一侧药箱分别连接一个液泵的方式以保证两侧管路压力相同。植保无人机喷雾系统中使用的电动隔膜泵的流量范围在 0.5～5.0 L，压力不超过 1 MPa。

但是，中国农业大学药械与施药技术研究中心的大量高浓度持续长时间试验发现，国产电动隔膜泵工作寿命普遍在 50～60 h，这个期间内，其流量从开始最初的名义流量迅速下降，最后下降到额定工作流量的 50％左右，而电动隔膜泵又没有装配有像地面喷杆喷雾机的隔膜泵所必有的调压稳压装置。因此，对于植保无人机低容量与超低容量农药喷施作业来讲目前的电动隔膜泵不是一个合适的关键工作部件。大量高浓度持续长时间试验表明，国产电动隔膜泵除不能实现均匀稳压喷雾外，在高浓度液体环境下，还有膜片寿命短、极易被损坏、维修更换频繁等缺点，同时在夏季高温高湿的作业条件下故障率较高，造成工作效率下降、成本上升的后果；而且微型电动隔膜泵的流量和压力通常不会太大，要求大流量喷雾作业时需要多个泵连用，在增大体积与载重量的同时，也增加了成本；此外，微型电动隔膜泵通过直流电驱动，只能通过改变电压调整电机转速的方式来改变流量和压力，而且流量和压力是一起变化的，不能达到精准控制流量和压力的要求。因此，植保无人机低空低量施药要配备专用液泵，如新型植保无人机采用了微型离心涡旋泵，应使用无刷电机驱动泵体并加装流量和压力传感器来精准调控流量和压力，延长工作寿命，提升工作性能和作业效率。

（三）新型雾化喷头

在植保无人机喷雾作业过程中，药液经过无人机雾滴雾化装置——喷头进行雾化而分散，形成具有不同大小的细小的雾滴颗粒，并具有一定宽度的雾滴谱。不管是各种地面喷雾机还是各种航空喷雾机成雾过程中，喷头是农药雾化的核心部件。目前，植保无人机主要采用地面喷雾机装配的液力式喷头和离心雾化喷头两种类型：液力式喷头与传统地面机具上安装的喷头相同，一般根据作物特点选用扇形雾喷头或圆锥雾喷头；而离心雾化喷头大多则是采用20世纪80年代研发生产的手持电动离心喷雾器的离心喷头，或在此基础上由各无人机生产厂商根据自身机型特点研发而成。

市面上现有的离心式喷头大多是各无人机厂商或配件厂商根据作业的需求，在20世纪80年代早期离心喷头的基础上二次再开发而成，并没有行业公认的国际标准甚至国家标准，这就会导致喷头质量参差不齐，工作性能不佳，雾化效果差等不良结果。因此，需要有新型的离心喷头来填补这一空白，为新型植保无人机低空低量精准施药技术提供技术支撑。

目前，植保无人机常用的离心雾化喷头主要是单雾化盘式，代表性的产品为山东卫士植保机械公司开发的离心喷头（图3-12a）。这种喷头在0.2～0.5 L/min流量、6 000～12 000 r/min转速的条件下，雾滴粒径在80～100 μm，相对雾滴谱宽RSF（DV90与DV10的差与DV50的比值，数值越小表明雾滴粒径越集中、雾滴谱越窄）为0.7～0.9，雾滴很细，雾滴谱窄，集中度高，雾化效果好。此外，还有一类多雾化盘式或栅格式离心雾化喷头，代表型产品有"极飞P20型"多

a.卫士专用离心喷头　　　　b.极飞离心喷头　　　　c.风云双层离心喷头

图3-12　植保无人机用新型离心喷头

旋翼无人机上使用的栅格式离心喷头和山东风云航空植保公司生产的双层离心喷头，如图 3-12b、3-12c 所示。对这种双层离心喷头的测试表明，在 0.2～0.8 L/min 流量、5 000～15 000 r/min 转速条件下，其雾滴粒径在 70～150 μm，RSF 在 1.0～1.2，产生雾滴更细，雾滴粒径分布集中度较好，雾化性能好。

（四）结论

发展至今，我国植保无人机的喷雾系统的主要部件雾化装置、液泵及其附件等大多借鉴现有地面装备；截至目前所有植保无人机的喷雾系统上没有调压与稳压装置，难以实现精准施药；而新型施药系统各主要部件的研制与应用，已满足我国日益增长的植保无人机广泛应用需求，真正实现植保无人机的高效低量精准喷雾作业。

四、双极性接触式航空机载静电喷雾系统

目前，针对植保无人机的研究主要集中于无人机自主导航、变量喷雾系统、作业参数对雾滴沉积和防治效果的影响等方面。这些研究为农业航空施药技术奠定了坚实的基础，因此中国的植保无人机的机型和数量呈现出几何倍数的增长，航空植保的作业面积也取得了大幅的增加。但航空喷雾仍然存在雾化效果差、药液飘移量大、沉积分布不均匀等特点。如何减少植保无人机施药过程中雾滴的飘移，提高药液沉积分布均匀性仍是一个难点。

随着精准农业的发展，植保无人机精准航空施药技术研究也逐步成为研究热点。而植保无人机航空施药作业的最大缺点

是受气候影响较大，药液飘移损失严重、沉积分布不均匀，而航空静电喷雾技术是实现精准航空施药技术的有效途径之一。在静电喷雾的过程中，利用高压静电在喷头和靶标之间建立静电场，荷电雾滴在静电力和其他外力的共同作用下定向高效地沉积到作用靶标上。因此，农药静电喷雾技术及机具在欧美国家已经被广泛应用于大田、果园和温室等作物的植保作业。20世纪60年代美国最先将静电喷雾技术应用于大型有人驾驶飞机的农药航空作业，并先后探索了极性交替充电、双极性充电和电晕放电的充电方式。其中，双极性感应荷电航空喷雾系统的设计有效地减少了机体累积的残留电荷，为航空静电喷雾技术清除了障碍。航空静电喷雾系统问世以来，在美国进行了大量的田间试验，如 Krik 对比了航空静电喷雾系统与传统喷雾方式作业效果并证明了航空静电喷雾的优势。

因此，为改善航空施药过程中雾滴沉积分布以提高病虫害的防治效果，设计了航空施药植保无人机适用的双极性接触式静电喷雾系统，该系统包含正、负2个输出电极，可分别使其对应的药箱内喷雾液带上正、负电荷。测试了该静电喷雾系统分别喷施静电油剂和水的荷电与雾化效果。

（一）静电喷雾系统结构及特点

双极性接触式航空机载静电喷雾系统由电源、充电器、静电高压发生装置（含电源开关和调压器）、正负输出电极、药箱、离心泵、远程遥控开关和离心喷头组成（图3-13）。

静电高压发生装置为该系统的关键部件，其由2个电压相同、极性相反的静电高压电源串联组成。正极性电源的负极与负极性电源的正极之间通过一个缓冲电感器相连。因此，正负

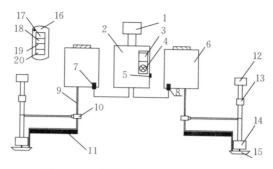

图3-13　静电喷雾系统结构示意图

1. 静电发生器电源　2. 静电发生装置　3. 电压表　4. 调压旋钮
5. 静电发生器开关　6. 药箱　7. 正输出电极　8. 负输出电极
9. 输液管　10. 离心泵　11. 喷杆　12. 喷雾单元电源　13. 控制器
14. 电机　15. 离心雾化盘　16. 电磁隔离型开关　17. 静电开关
18. 正输出喷雾单元开关　19. 负输出喷雾单元开关　20. 总开关

高压电源、空气、大地之间形成一个电荷转移的闭合回路，确保在飞机上的静电平衡，从而减少对无人机飞控系统的影响，保证植保无人机的安全运行。高压静电发生器由12 V/2AH的锂电池供电，其正、负输出电极分别伸入各自对应的药箱底部与药液相连组成正极和负极储液装置。其中与正输出电极相连的药液被充上正电荷，与负输出电极相连的药液被充上负电荷。与常规喷雾相比，静电喷雾要求雾滴的粒径更小，因此该系统配备了雾化效果更细、更均匀的离心喷头。静电喷雾系统的正输出喷雾单元（含泵和离心喷头）和负输出喷雾单元分别由各自的电源独立供电，同一喷雾单元的电源同时给其对应的离心泵和离心喷头的电机供电。带有正电荷或负电荷的药液分别在各自对应的离心泵作用下被输送至电机驱动的离心雾化盘，从而在离心力的作用下雾化成细小的荷电雾滴后沉降到作用靶标。设计的静电喷雾系统的静电高压发生装置原理以及具体结构组成见图 3 - 14。

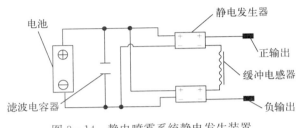

图 3 - 14 静电喷雾系统静电发生装置

（二）工作原理

在静电喷雾的过程中，利用高压静电在喷头和靶标之间建立静电场，荷电雾滴在静电力和其他外力的共同作用下定向高效地沉积到作用靶标上。静电喷雾技术应用高压静电（电晕荷电方式）使雾滴带电，带电的细雾滴做定向运动趋向植株靶标，最后吸附在靶标上，其沉积率显著提高，在靶标上附着量增大，覆盖均匀，沉降速度增快，尤其是提高了在靶标叶片背面的沉积量，减少了漂移和流失。试验表明，静电喷雾下雾滴在靶标上的沉积率为不带电的 2 倍。

（三）结论

将该航空静电喷雾系统搭载于"3WQF120 - 12 型"油动单旋翼植保无人机，喷施超低容量静电油剂，并使用该植保无人机自带喷雾系统分别喷施静电油剂和常规水基化药剂，对比了 3 种施药方式的沉积分布均匀性和对小麦蚜虫、锈病的防治效果。试验结果表明：

（1）对于静电喷雾系统的同一个输出喷雾单元：喷雾液为静电油剂雾滴的体积中值中径（VMD）明显小于水的雾滴

VMD；当喷雾液为水时，静电喷雾系统的静电电压和正、负输出对雾滴的 VMD 和相对粒谱宽度（RS）均不会产生显著影响；当喷雾液为静电油剂时，正输出电极的静电电压可以减小雾滴的 VMD，负输出电极的静电电压可以增大雾滴的 VMD，随着静电电压的增大，在 2 种输出电极下雾滴的 RS 均呈增大趋势。

（2）随着静电电压的增加，正、负输出喷雾单元喷出液体的荷质比均增大；相同静电电压和输出电极下，喷雾液为水的荷质比大于静电油剂的荷质比；在同一静电电压和喷雾液下，负输出喷雾单元喷出药液的荷质比高于正输出喷雾单元。

（3）喷施静电油剂的 2 个处理平均沉积量分别为 $0.048\ 6\ \mu g/cm^2$ 和 $0.051\ 3\ \mu g/cm^2$，明显高于喷施水基化药剂的 $0.035\ 6\ \mu g/cm^2$；使用静电喷雾系统喷施静电油剂的雾滴沉积分布均匀性最好，其沉积量的标准偏差为 $0.015\ \mu g/cm^2$，变异系数为 30.43%。

（4）喷施静电油剂的 2 个处理对小麦蚜虫和锈病的防治效果和药效期均明显高于喷施普通水基化药剂的处理。对喷施静电油剂的 2 个处理：使用静电喷雾系统的处理在施药后 7 d 蚜虫防治效果为 87.92%，明显高于无人机自带的系统喷施静电油剂 76.43% 的防治效果，在施药后 14 d 的 2 个处理对蚜虫的防治效果没有显著性差异；在施药后 7 d 和 14 d，2 个处理对小麦锈病的防治效果均没有显著性差异。

五、新型可控雾滴多层离心喷头

离心雾化技术是当前世界公认的产生雾滴均匀度较好、雾滴谱范围较窄、适用于可控雾滴施药的先进技术。国内外研究人员持续对离心喷头的雾化特性进行了相关试验探索（如离心喷头在一定转速、流量、高度和安装角度下的雾滴分布模式、雾滴粒径和雾滴飘移等情况）。但目前，国产各型植保无人机上搭载的离心雾化喷头大多是各厂家或配件厂商自行研制，没有统一的行业或国家标准规范其生产和使用，各型离心喷头雾滴雾化特性和工作性能参差不齐，缺乏对喷头流量、电机转速、雾化盘特性与雾滴谱关系等可控雾滴技术的研究，造成一些离心喷头的田间实际喷雾效果不理想，甚至不如液力式施药系统，并未达到其设计使用目的。

因此本试验研究从离心雾化理论出发，根据田间作业实际情况，设计出一种栅格式可控雾滴多层离心喷头；利用3D打印技术制作出不同参数的雾化盘，建立离心喷头雾滴粒径测试系统，在不同流量和转速下对不同参数的雾化盘进行雾滴雾化特性试验，明确喷头流量、电机转速、雾化盘特性与雾滴谱的关系，确定离心喷头雾化盘最佳结构；对定型的植保无人机用可控雾滴多层离心喷头进行雾化特性试验，确定其最优工作参数，建立雾滴粒径与工作参数关系模型。该研究可为植保无人机专用施药系统雾化部件的设计提供参考，为改善植保无人机农药雾滴沉积效果解决方案的形成提供理论依据。

（一）整体设计

根据目前植保无人机常用施药液量的情况，对单喷头流量进行测算，发现现有的两种转杯式离心喷头在单喷头条件下的流量范围并不能满足施药需要，但如果在植保无人机上搭载更多的离心喷头（4～6个），必须增加喷杆范围，这样就增加了伸出旋翼范围外喷头雾化雾滴的飘移风险，同时也会增加载重和电动无人机的电池负担，降低作业效率。因此，此类单转杯式离心喷头并不是当前植保无人机航空施药的理想雾化器。而从可控雾滴的角度来说，栅格式雾化盘离心喷头更易控制，仅通过改变速度就可以控制雾滴粒径大小，不会因喷洒流量的改变而对雾滴粒径产生很大影响，适应目前低空低量航空施药单喷头流量较大的实际需求。但是该喷头在工作时雾滴粒径集中度低，雾滴谱较宽，因此这种单雾化盘式离心喷头的设计也需要进一步改进。

结合上述分析，在转杯式离心喷头和栅格式离心喷头的基础上进行了改进和优化，设计出一种可控雾滴栅格式雾化盘多层离心喷头（图 3 - 15）。

该多层栅格式离心喷头的结构如图 3 - 16 所示，主要由空心轴无刷电机、雾化盘、可拆卸输液管、固定螺丝和铜制垫环等部分组成。

图 3 - 15　可控雾滴多层
离心喷头

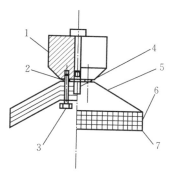

图 3 - 16　可控多层离心雾化喷头结构图
1. 无刷电机　2. 铜制垫环　3. 固定螺丝
4. 可拆装输液管　5. 顶层雾化盘
6. 中层雾化盘　7. 底层雾化盘

（二）多层离心喷头结构及性能特点

1. 结构特点

可控雾滴多层栅格式雾化盘离心雾化结构特点：中心供液；无刷空心轴外转子电机带动雾化盘；雾化盘上窄下宽、开口向下；导液槽在雾化盘外侧，雾化盘内侧光滑无槽；多层雾化盘上下重叠；伸入雾化盘的输液管在不同竖直位置都有输液口。

2. 性能特点

（1）通过有效喷幅试验，对于可控雾滴多层离心喷头，2个离心喷头间距 1.9 m 却可以产生宽度达 4.0～5.5 m 的雾滴，表明改装该型离心喷头可以显著提升植保无人机的喷雾作业中的有效喷洒幅宽。

（2）可控雾滴多层离心喷头的室内雾滴粒径试验结果表明该喷头雾滴谱较窄，雾化性能好、雾滴粒径可控，适用于较高流量下的雾滴雾化。

（三）结论

通过将研发的可控雾滴多层离心喷头安装在无人机平台上，与普通液力式喷头组成的施药系统进行雾滴沉积性能对比试验，得出以下结论。

在 1.0 m 飞行高度、1.0～3.0 m/s 飞行速度下，可控雾滴多层离心喷头工作参数为 1.0 L/min、10 000 r/min 时，搭载 2 个间距 2.0 m 的可控雾滴多层离心喷头的多旋翼植保无人机有效喷洒幅宽可达 4.0～5.5 m。这是因为离心雾化过程会使雾滴离开雾化盘时具有一定初速度，因此被甩出的雾滴在气流和重力的共同作用下下落过程中会产生一段横向位移，运动到更

远的区域，进而可以显著提升喷雾作业中的有效喷洒幅宽。

有效喷幅范围内该喷头喷雾雾滴沉积量可达（0.305±0.061）$\mu L/cm^2$，这是由于可控雾滴多层离心喷头雾化盘上窄下宽、向下开口的设计对雾滴更快向下沉积起了促进作用。与相同喷洒参数下液力式喷雾系统雾滴沉积量明显增加，雾滴沉积效果增强，研发的离心喷头达到了设计目的，适用于植保无人机田间喷雾作业。

六、玉米免耕种肥药一体机

针对黄淮海流域一年两熟地区小麦玉米轮作模式中玉米免耕种肥药联合作业适用装备缺乏、农机具分段作业多次进地对土壤压实严重及喷施封闭除草剂效果不好等问题，在分析国内外玉米免耕播种及封闭除草喷雾系统基础上，开发并研制了一套应用于玉米免耕播种施肥机上的免耕地用喷雾系统。该机不仅能够在免耕条件下进行玉米播种、施肥、施药等多项作业，满足农艺技术要求，并且能够减少机具进地次数、降低土壤压实，在保证产量稳定的同时还能提高作业效率，实现节能减排增效的目标。

本研究对设计的新型玉米免耕种肥药一体机田间作业性能进行了测试研究，并与播种施药分段作业和播种后不施药作业进行了对比，结果表明：种肥药一体机联合作业的玉米出苗率和生长状况优于播种施药分段作业，而玉米生长状况随着时间的推移差距逐渐减小，播种不施药的玉米出苗率和生长状况最差。种肥药一体机联合作业能明显降低机具作业对土壤的压实作用，降低土壤硬度10%～30%，减少进地次数。并通过试验对比，从环保和杂草防治效果选择防飘喷头 IDK 作为一体机施药系统的适配喷头。因此种肥药一体机配置合适的喷头在作业时不仅能够减少机具进地次数、降低土壤压实，在保证产量稳定的同时还能提高作业效率、增加经济效益，实现节能减排。

（一）整机结构设计

1. 设计原则

由于在免耕播种机的基础上设计加装一套喷雾系统，因此在喷雾系统的设计过程中需要严格遵守以下设计原则：

（1）种肥药作业互不影响，行进速度具有一致性，播种施肥施药不同作业之间不能相互影响，播种速度和施药速度必须在合理的范围内。经查阅文献和实地调查得知，玉米在播种时，拖拉机行进速度在 3.6 km/h 左右，此速度适合喷雾机施药，施药量在 375 L/hm^2 左右，因此作业速度可行。

（2）玉米播种机与设计加装的喷雾系统总体质量不能大于拖拉机的提升力。玉米免耕播种机配套动力范围为 35～60 kW，需要使用东方红 504 的拖拉机，从中国一拖公司查询得知，该拖拉机的最大提升力为 8.3 kN，可以提起最大 846 kg 的载重。玉米免耕播种机质量为 280 kg，肥箱对肥料的最大载重 200 kg，种箱对种子的最大载重 42 kg，药箱重 160 kg，喷雾系统其余材料重 80 kg，所以玉米播种机加上整套喷雾系统总体的质量为 762 kg，在拖拉机的提升能力范围内。总之，加装喷雾系统后不会影响拖拉机的提升，可以保证种肥药同时作业。

（3）在保证播种施肥质量的同时还需要保证施药效果，田间作业性能应达到国家规定的播种标准和喷雾机施药标准。

（4）保证整个机具的结构稳定性，注意零部件的互换性和可装配性等，应易于组装推广。

（5）在保证作业效果和稳定性的前提下，尽可能降低机具的质量，节省材料，节约成本。

2.整机结构

玉米种肥药一体机主要由开沟器总成、排种器总成、排肥器总成、镇压轮总成、喷雾系统、种箱、肥箱和药箱等组成。药箱位于机架的两侧；电池和隔膜泵固定于机架横梁位于肥箱下侧；管路控制装置位于肥箱前侧，也固定于机架横梁；喷杆位于播种机镇压轮斜后方，使用支撑杆固定在机架横梁上。该种肥药一体机一次作业可完成开沟、施肥、播种、覆土、镇压、喷药等多道工序，较好地满足了玉米免耕覆盖播种、喷施除草剂的特殊要求。玉米种肥药一体机的实物图见图 3-17。

图 3-17　免耕玉米种肥药一体机

（二）种肥药一体机主要工作参数

本试验研究中，该机具行走速度为 3.6 km/h，施药液量为 375 L/hm²，其余主要工作参数如表 3-20 所示。

表 3-20 种肥药一体机主要工作参数

项　　目	参　　数
整机尺寸（长×宽×高）（mm）	1 580×2 300×1 030
配套动力（kW）	51.5～66.2（东方红 804）
连接方式	三点悬挂
质量（kg）	300～760
播种行数（行）	4
播种行距（mm）	500～600
播种深度（mm）	20～50
施肥深度（mm）	60～100
种箱体积（L）	15×4
肥箱体积（L）	200
药箱体积（L）	80×2
喷雾压力（MPa）	0.3
喷幅（mm）	2 000
喷头个数（个）	4
电动隔膜泵	电压 12 V，流量 16 LPM

（三）结论

通过玉米免耕播种施药一体机的大田试验，对玉米免耕播种施药一体机的机具性能，田间喷施封闭除草剂的药效以及不同作业方式下玉米产量进行了分析，结论如下：

（1）播种施药一体机与播种施药分段作业相比，能明显降低农机具对土壤的压实作用。播种施药分段作业加剧了土壤的压实，增加了土壤硬度，降低了土壤孔隙度和土壤含水量，对玉米的出苗产生了不利影响。播种施药一体机联合作业的玉米出苗率和生长状况优于播种施药分开进行的玉米。

（2）通过比较不同处理后的玉米田间杂草防效，发现玉米免耕播种施药一体机配置 IDK120‐03 和 AD120‐03 喷头的杂草株防效与播种施药分段作业的杂草株防效没有显著差异性，都在 78％以上，种肥药一体机配置 IDK120‐03 喷头和播种施药分段作业的杂草鲜重防效没有显著差异性，都在 88％以上。

（3）在对比两种作业方式的玉米产量时，发现玉米免耕播种施药一体机配置 IDK120‐03 和 AD120‐03 的喷头相对于播种后使用挡板喷雾机施药（播种施药分段作业）的玉米产量虽略有降低，但是二者没有表现出明显差异性，产量都在 10 500 kg/hm² 以上。因此播种施药一体机配置合适的喷头在作业时不仅能够减少进地次数，减少对土壤的压实，提高作业效率，还能够保证产量的稳定，增加了经济效益。

著写人员与单位

何雄奎，徐林，齐鹏
中国农业大学

图书在版编目（CIP）数据

黄淮流域小麦玉米水稻节本增效技术手册 / 黄淮流域小麦玉米水稻田间用节水节肥节药综合技术方案项目组著 . —北京：中国农业出版社，2020.3
ISBN 978-7-109-26568-4

Ⅰ.①黄… Ⅱ.①黄… Ⅲ.①小麦—栽培技术—技术手册②玉米—栽培技术—技术手册③水稻—栽培技术—技术手册 Ⅳ.①S512.1-62②S513-62③S511-62

中国版本图书馆 CIP 数据核字（2020）第 026426 号

中国农业出版社出版
地址：北京市朝阳区麦子店街 18 号楼
邮编：100125
责任编辑：郭银巧　　　文字编辑：张田萌
版式设计：王　晨　　　责任校对：吴丽婷
印刷：中农印务有限公司
版次：2020 年 3 月第 1 版
印次：2020 年 3 月北京第 1 次印刷
发行：新华书店北京发行所
开本：880mm×1230mm　1/32
印张：5.5
字数：130 千字
定价：32.50 元
